全国高职高专教育土建类专业教学指导委员会规划推荐教材

建筑装饰装修材料·构造·施工

——课程学习指南及实训课题集

（建筑装饰工程技术、室内设计工程技术、环境艺术工程技术专业适用）

本教材编审委员会组织编写

刘超英　主编

季　翔　主审

中国建筑工业出版社

图书在版编目（CIP）数据

建筑装饰装修材料·构造·施工——课程学习指南及实训课题集/本教材编审委员会组织编写.—北京：中国建筑工业出版社，2009

全国高职高专教育土建类专业教学指导委员会规划推荐教材．建筑装饰工程技术、室内设计工程技术、环境艺术工程技术专业适用

ISBN 978－7－112－11351－4

Ⅰ．建… Ⅱ．本… Ⅲ．①建筑材料：装饰材料-高等学校：技术学校-教学参考资料②建筑装饰-建筑构造-高等学校：技术学校-教学参考资料③建筑装饰-工程施工-高等学校：技术学校-教学参考资料 Ⅳ．TU56 TU767

中国版本图书馆 CIP 数据核字（2009）第 170271 号

　　本《课程学习指南及实训课题集》专门为《建筑装饰装修材料·构造·施工》课程的教学配套设计，其中包含延伸读物、教学内容和教学要求。根据教材的主要内容和重点、难点，设计了10套254个自我检查题。特别是根据行业对建筑装饰装修技术人员的要求，设计了34套不同类型的实训课题，对今后在工作中会经常遇到的工程课题进行校内实训，以期更扎实地掌握课程内容。

＊　　＊　　＊

责任编辑：朱首明　杨　虹
责任设计：崔兰萍
责任校对：陈　波　陈晶晶

全国高职高专教育土建类专业教学指导委员会规划推荐教材

建筑装饰装修材料·构造·施工
——课程学习指南及实训课题集
（建筑装饰工程技术、室内设计工程技术、环境艺术工程技术专业适用）
本教材编审委员会组织编写
刘超英　主编
季　翔　主审

＊

中国建筑工业出版社出版、发行（北京西郊百万庄）
各地新华书店、建筑书店经销
北京嘉泰利德公司制版
北京建筑工业印刷厂印刷

＊

开本：787×1092 毫米　1/16　印张：12　字数：300 千字
2009 年 11 月第一版　　2009 年 11 月第一次印刷
定价：**22.00** 元
ISBN 978－7－112－11351－4
(18602)

版权所有　翻印必究
如有印装质量问题，可寄本社退换
（邮政编码100037）

目　录

0　课程学习指南 ……………………………………………… 1

　　0.1　本课程的背景 ……………………………………… 2

　　0.2　本课程的主要学习内容 …………………………… 2

　　0.3　本课程的性质 ……………………………………… 2

　　0.4　本课程的特点 ……………………………………… 2

　　0.5　本课程的教学要求 ………………………………… 4

　　0.6　如何学好本门课程 ………………………………… 4

1　建筑装饰装修构造·材料·施工概述教学指南 …… 6

　　教学指南－1　延伸阅读文献 …………………………… 8

　　教学指南－2　教学内容和教学要求 …………………… 8

　　教学指南－3　自我检查 ………………………………… 10

　　教学指南－4　实训课题 ………………………………… 12

2　常用施工机具教学指南 …………………………………… 15

　　教学指南－1　延伸阅读文献 …………………………… 16

　　教学指南－2　教学内容和教学要求 …………………… 16

　　教学指南－3　自我检查 ………………………………… 17

　　教学指南－4　实训课题 ………………………………… 18

3　墙柱面工程教学指南 ……………………………………… 21

　　教学指南－1　延伸阅读文献 …………………………… 22

　　教学指南－2　教学内容和教学要求 …………………… 22

　　教学指南－3　自我检查 ………………………………… 23

　　教学指南－4　实训课题 ………………………………… 28

4　楼地面工程教学指南 ……………………………………… 42

　　教学指南－1　延伸阅读文献 …………………………… 44

　　教学指南－2　教学内容和教学要求 …………………… 44

　　教学指南－3　自我检查 ………………………………… 46

　　教学指南－4　实训课题 ………………………………… 53

5　吊顶工程教学指南 ………………………………………… 67

　　教学指南－1　延伸阅读文献 …………………………… 68

　　教学指南－2　教学内容和教学要求 …………………… 68

　　教学指南－3　自我检查 ………………………………… 69

　　教学指南－4　实训课题 ………………………………… 74

6　门窗工程教学指南 ································ 82

　　教学指南 –1　延伸阅读文献 ···················· 84

　　教学指南 –2　教学内容和教学要求 ············· 84

　　教学指南 –3　自我检查 ························· 85

　　教学指南 –4　实训课题 ························· 94

7　木制品工程教学指南 ···························· 107

　　教学指南 –1　延伸阅读文献 ···················· 108

　　教学指南 –2　教学内容和教学要求 ············· 108

　　教学指南 –3　自我检查 ························· 109

　　教学指南 –4　实训课题 ························· 114

8　玻璃工程教学指南 ···························· 124

　　教学指南 –1　延伸阅读文献 ···················· 126

　　教学指南 –2　教学内容和教学要求 ············· 126

　　教学指南 –3　自我检查 ························· 127

　　教学指南 –4　实训课题 ························· 133

9　织物工程教学指南 ···························· 144

　　教学指南 –1　延伸阅读文献 ···················· 146

　　教学指南 –2　教学内容和教学要求 ············· 146

　　教学指南 –3　自我检查 ························· 147

　　教学指南 –4　实训课题 ························· 151

材料检索教学指南 ······························ 162

　　教学指南 –1　延伸阅读文献 ···················· 164

　　教学指南 –2　教学内容和教学要求 ············· 164

　　教学指南 –3　自我检查 ························· 166

建筑装饰装修材料·构造·施工

——课程学习指南及实训课题集

0.1 本课程的背景

自从开设建筑装饰工程技术专业以来，不论各学校的办学条件、师资力量、专业特色如何，均会开设《建筑装饰装修材料》、《建筑装饰装修构造》、《建筑装饰装修施工技术》这三门课，因为它们是建筑装饰工程技术专业的主干课。传统上，这三门课的教材都分别编写，多数院校都由不同的老师分别讲授。

但这三门课在教学现实中互相联系非常紧密，分别讲授弊端很多。所以，高职高专建筑类专业教学指导委员会的专家早在 2002 年就提出了将这三门课有机整合成一门课程的专业教改建议。一些办学条件好的学校，近年来也对此进行了教改探索。实践证明，经过整合的课程不但专业脉络和逻辑关系更加清晰，课时也会大大精简。师生在课程的教学中能够一气呵成，教学建筑装饰材料、构造、施工中的关键知识，为本专业其他课程的学习打下扎实的基础。

本课程就是在这样的背景下诞生的。它将引导学生以理解建筑装饰构造为核心，以熟悉建筑装饰材料为基础，以掌握建筑装饰施工技术为目的，同时了解建筑装饰装修工程的质量标准和检验技术。从而为从事本专业的设计、施工、预算、管理等专业工作打下扎实的基础。因此，本课程的教学内容毫无疑问是本专业技术知识中的核心和主干。

0.2 本课程的主要学习内容

本课程主要学习建筑装饰装修的材料、构造、施工工艺、质量标准及验收方法。课程有 9 个学习领域，分别是课程概论、施工机具、墙柱面工程、楼地面工程、吊顶工程、门窗工程、木制品工程、玻璃工程、织物工程。涉及多个建筑装饰装修项目的材料、构造、施工工艺、质量标准及验收方法。

0.3 本课程的性质

就本课程性质及本课程在本学科中的地位而言，它是建筑装饰装修专业的核心课程；是从事建筑装饰装修行业的专业技术人员必须具备的专业知识。是对《建筑装饰构造》《建筑装饰材料》和《建筑装饰施工》三门课程的整合。经过整合，本课程地位更加重要。它的课程地位是主干中的主干，核心中的核心。它的学习内容是本专业人员必备的专业知识，掌握的是本专业人员"养家糊口、安身立命"的看家本领！

0.4 本课程的特点

1. 整合性和综合性

本课程原来分装饰装修材料、装饰装修构造、装饰装修施工三门课程实施教学。这三门课很有可能会安排在不同的学期由不同的老师来组织教学。这样做的弊端很多，主要有两点：一、重复多。因为这三个知识群相互关联性很强，讲材料的时候如果不讲用途（涉及构造的内容）、不讲使用（设计施工的内容），那么这样的知识就很孤立了。讲构造和施工的时候碰到的是同样的问题。所以每门课程都会重复其他课程的内容，从而造成课时的浪费。二、不连贯。因为通常是由不同的老师来组织教学，因此老师会根据自己的情况，各讲各的，有些甚至会出现矛盾。还有因为课程通常被安排在不同的学期，因此在需要学生运用前置课程的知识时学生有可能已经遗忘了。

因此，经过全国建筑类教指委专家的反复论证，认为将这三门课程整合成一门课程，即《装饰装修材料、构造、施工》，对教学有利。这样三部分内容紧密整合、互相穿插、一气呵成，使得教学效率大大提高，不仅可以节省课时，而且大大有利于学生对装饰装修的核心知识形成整体的概念，从而充分地掌握装饰装修的关键知识。

本课程涉及学科多，是典型的学科交叉性课程，前置课程有装饰装修制图、装饰装修设计、力学基础，本身又涉及材料、构造、施工三个方面的学科知识。所以就形成本课程综合性强的特点。

2. 实践性和经验性

本课程的知识大都源于实践又用于实践，许多知识都是别人的经验和实践。例如别人怎样选择材料，如何进行构造设计，如何组织施工，这些知识、案例都是别人的实践和经验。要看懂本教材的文字和图纸并不困难，但要真正融会贯通，需要学生根据教材提供的知识、案例和设计的作业及实训内容，反复琢磨、反复练习，反复实践，才有可能真正掌握本课程的知识。可以说我们这个专业非常特别，因为整个社会都是我们学习的课堂。你只要随时留意周围环境，商场、饭店、影院、会场、车站、居家……所有现实环境中的现实场景都是我们的学习对象。可以随时随地分析它们的优劣，琢磨它们的材料选择、构造设计及施工方法。除此之外，还要主动到工地进行参观、学习，丰富自己的知识和经验。因此，实践和经验在这门课程中起关键的作用。同学们要在不断的练习和实践中积累自己的经验，使本课程的知识真正为下一步的装饰装修设计和装饰装修施工实践服务。

3. 记忆性和创新性

本课程涉及大量的图纸和许多专业术语，一些材料的关键知识、典型部位的构造、相关的尺寸、施工流程即工艺、验收方法等都需要记忆。在记忆的同时还要不忘创新，不但要对这些知识举一反三地运用，还要发挥自己的聪明才智，对原有的知识进行创新，形成自己的知识。这一点特别体现在材料选择和构造设计方面。教材中介绍的往往是一些典型的方法，而随着时代的进步，科学技术的发展，这些方法也会随之发生变化。学生自己也可以探索、创新一些新的材料使用、构造设计的方法，给世人以新的惊喜。

0.5　本课程的教学要求

1. 教学目标

根据教学大纲和考试大纲的要求，掌握相关的教学内容。能够识别常用的建筑装饰装修材料、掌握常见的装饰装修构造设计方法、熟悉建筑装饰装修施工技术、了解建筑装饰装修工程的质量标准和验收方法。

2. 教学指南

1）教材主体。包含了本课程的最基本最主要的内容。

2）延伸阅读。主体教材的容量受课时的局限，仅仅是一些基本的内容。更多更专业更深入的内容在教师列出的延伸阅读资料中。它们与主体教材内容密切相关。教师要引导学生主动学习延伸读物，以了解更多的专业内容，掌握更多的专业知识。

3）教学内容和教学要求。在每章课程的教学内容和教学要求表中，详细列出了各个章节的教学内容和教学要求。建议大家按表中提出的教学要求掌握本课程的教学内容。对于需要掌握的重点知识尤其应给与重视。这部分内容同时也是本课程的考试大纲。

·4）自我检查。这部分内容主要有简答题和论述题组成。它们包含了各个章节的重点需要掌握的知识点。正确答案教材中都有明确叙述。学生在课后通过自我检查，可以清晰地判定自己是否掌握了本课程重要的知识点。

5）实训课题。与自我检查不同，实训课题是训练学生综合运用本课程所传授的知识的课程实践环节。如何按教学指南的要求完成实训课题可以使学生能够活学活用本课程的重要知识点，完全理解教学内容，并能将知识转化为技能，为今后从业打下扎实的基础。

0.6　如何学好本门课程

学好本课程最好能够做到下面的3点。

1. 多观察　会思考

尽可能多地接触装饰施工工地，观察装饰工程如何从开始到结束，一个个工程部件是如何完成的。多看已完成的建筑空间里各处的精彩的构造，思考、琢磨它们的构造方法。要留意有关人员从不同角度对构造提出的建议和想法。

2. 广阅读　善借鉴

广泛阅读课外资料如设计规范、标准图集、工程施工图、工程实例分析等。在观察过程中要分析建筑空间各个部位构造的不同处理方式，体会不同材料的不同处理方法。对学过的构造知识进行归纳和总结，从而对构造理论产生较深的体会和理解；在设计时善于借鉴一些成功的构造手法，就建筑装饰装修的具体构造设计而言，尽管可以放心借鉴、模仿，因为构造本身并不存在知识产权的问题，只有方案设计才有可能涉及知识产权的问题。

3. 勤动手 常实践

通过动手练习提高构造设计实用水平。临摹教材或资料上的构造图是一种很好的学习方法，从临摹的过程中可以加深和感知图中蕴含的信息，掌握正确规范的图面表达方式；多做构造设计练习更是很好的实践途径，做设计练习时要尽可能地多画构造大样；从施工现场或完工的建筑空间记录构造处理手法也是一种很好的实践。要认真地完成本教材设计的作业和布置的实训任务，从作业和实训中很好地得到实践提高的锻炼。

重要提示：

检验本课程学习的成效不是看你期末考试的成绩，而是看你在今后的设计课程和施工实践中能不能灵活运用本课程的知识，能不能画出合格的施工图，能不能在施工现场进行科学的施工组织与管理，能不能完成项目的工程验收。

建筑装饰装修材料·构造·施工
——课程学习指南及实训课题集

教学指南 -1 延伸阅读文献

[1] 本手册编委会. 建筑标准·规范·资料速查手册 – 室内装饰装修工程 [M]. 北京：中国计划出版社，2006.

[2] 中华人民共和国建设部. 建筑内部装修设计防火规范 GB 50222—95 [S]. 北京：中国建筑工业出版社，1995.

[3] 中华人民共和国建设部. 建筑装饰装修工程质量验收规范 GB 50210—2001 [S]. 北京：中国建筑工业出版社，2002.

[4] 薛健. 装饰设计与施工手册 [M]. 北京：中国建筑工业出版社，2004.

[5] 新型建筑材料专业委员会. 新型建筑材料使用手册 [M]. 北京：中国建筑工业出版社，1992.

[6] 全国一级建造师执业资格考试用书编写委员会. 装饰装修工程管理与实务 [M]. 北京：中国建筑工业出版社，2004.

教学指南 -2 教学内容和教学要求

请按下表的教学要求，学习本章的相关教学内容，掌握相关知识点。

《学习领域 1 建筑装饰装修构造·材料·施工概述》
教学内容和教学要求表（考试大纲）

教学内容	主要知识点	主要能力点	教学要求
1.1　本课程的重要概念			
1.1.1　学科与课程名称	1. 学科名称；2. 课程名称		
1.1.2　学科定义	1. 学科定义；2. 定义出处；3. 定义解释		
1.1.3　建筑装饰装修的要素	1. 建筑装饰装修的要素；2. 建筑装饰装修要素的具体要求		
1.1.4　建筑装饰装修工程施工质量验收的相关标准和规范		建筑装饰装修学科相关概念把握能力	熟悉
1.1.5　建筑装饰装修的分类	1. 根据使用功能；2. 根据所用材料；3. 根据施工方法；4. 根据工程部位		
1.1.6　建筑装饰装修的对象和部位	1. 对象；2. 部位		
1.1.7　建筑装饰装修的等级	1. 一级；2. 二级；3. 三级		
1.1.8　建筑装饰装修的标准	1. 一级；2. 二级；3. 三级		

教学内容	主要知识点	主要能力点	教学要求
1.2　建筑装饰装修构造			
1.2.1　什么是建筑装饰装修构造	1. 建筑装饰装修构造的概念；2. 建筑装饰装修构造设计的基本内容	建筑装饰装修构造相关概念把握能力	熟悉
1.2.2　建筑装饰装修构造的类型	1. 结构类构造；2. 饰面类构造；3. 配件类构造		
1.2.3　建筑装饰装修构造的设计原理	1. 服从；2. 规范；3. 可行；4. 安全；5. 可持续；6. 整合；7. 美观；8. 创新		
1.3　建筑装饰装修材料			
1.3.1　什么是建筑装饰装修材料	1. 建筑装饰装修材料的定义；2. 建筑装饰装修材料的分类；3. 建筑装饰装修材料的作用；4. 建筑装饰材料的选择	建筑装饰装修材料相关概念把握能力	重点掌握
1.3.2　建筑装饰装修材料的组成与结构	1. 材料的组成；2. 材料的结构		
1.3.3　建筑装饰装修材料的基本性质	1. 物理性质；2. 材料与水有关的性质；3. 材料的热工性质；4. 材料的力学性质；5. 材料的耐久性；6. 材料的燃烧性能；7. 材料的装饰性		
1.4　建筑装饰装修施工			
1.4.1　什么是建筑装饰装修工程施工	1. 装饰装修工程施工的概念；2. 装饰装修施工的内容	建筑装饰装修施工相关概念把握能力	了解
1.4.2　建筑装饰装修工程施工的要求	1. 规范性；2. 专业性；3. 复杂性；4. 安全性；5. 经济性；6. 可持续性；7. 发展性		
1.5　建筑装饰装修工程质量的验收			
1.5.1　建筑装饰装修工程验收的意义		建筑装饰装修工程质量及验收的相关概念把握能力	熟悉
1.5.2　建筑装饰装修工程验收的依据	1. 国家标准；2. 地方标准		
1.5.3　建筑装饰装修工程验收的主体	1. 当事者验收；2. 第三方验收		
1.5.4　建筑装饰装修工程验收的方法和程序	1. 验收的方法；2. 验收的程序；3. 分部工程的划分；4. 分部工程验收注意事项		
1.5.5　建筑装饰装修工程质量检验方法	1. 看；2. 摸；3. 听；4. 查；5. 测		
1.6　设计、材料、构造、施工和验收的互相关系		五者关系把握能力	

教学指南

教学指南 –3 自我检查

1. 建筑装饰装修的定义是什么？出自什么文献？

答：1. 定义：_____

_____

2. 出自什么文献：_____

_____

2. 建筑装饰装修的目的是什么？

答：目的 1. _____

目的 2. _____

目的 3. _____

3. 什么是建筑装饰装修的物质基础？

答：物质基础 1. _____

物质基础 2. _____

4. 建筑装饰装修的要素是什么？

答：要素 1. _____

要素 2. _____

要素 3. _____

要素 4. _____

5. 举例说明什么是建筑装饰装修构造涉及的基本内容？

答：基本内容 1. _____

基本内容 2. _____

基本内容 3. _____

6. 建筑装饰装修构造设计有哪些原理？

答：原理 1. _____

原理 2. _____

原理 3. _____

原理 4. _____

原理 5. _____

原理 6. _____

原理 7. _____

原理 8. _____

7. 建筑装饰装修材料有哪些基本性质？

答：基本性质 1. _____

基本性质 2. _____

基本性质 3. _____

基本性质 4. _____

基本性质 5. _____

基本性质 6. _____

基本性质 7. _____

8. 什么是建筑装饰装修材料的燃烧性能？

答：建筑装饰装修材料的燃烧性能是：_____

_____

_____

_____

_____

_____

_____

9. 建筑装饰装修材料的燃烧性能等级有几类？

答：燃烧性能等级有：_____

_____

_____

_____

10. 建筑装饰装修工程验收依据哪个国家标准？它的意义是什么？

答：标准名称：_____

意义：_____

_____

11. 简述建筑装饰装修施工的 7 个要求，它们分别有什么含义？

答：要求 1. _____

_____

要求 2. _____

_____

要求 3. _____

_____

要求 4. _____

_____

要求 5. _____

_____

要求 6. _____

要求 7. _____

_____

12. 举例说明建筑装饰装修设计、材料、构造、施工和验收的 5 个互相关系？

答：_____

_____

_____

_____

_____

教学指南-4 实训课题

建筑装饰装修专业参观与考察

4.1 实训内容

1. 考察你所在城市已建成的建筑。重点考察建筑的装饰装修部分的内容。

建议：选择车站、商店、学校、医院、影剧院等不同类型的建筑，考察它们的功能布局，内外设计和装饰材料的运用。

2. 考察一个在建的建筑装饰装修工地。

建议：由学校联系一个中型建筑装饰装修工地。查看建筑装饰装修的目的、建筑装饰装修的物质基础、建筑装饰装修的对象、建筑装饰装修的过程。请工地项目经理或项目工程师现场讲解建筑装饰装修的要素及具体要求，建筑装饰装修的施工过程和质量检验要求。尤其让他讲解建筑装饰装修工程技术人员需要什么样的知识与技能。

3. 考察建筑装饰装修材料市场。

建议：考察一个大型的建材超市。对各类建筑装饰材料有个直观的认识。

4.2 实训目的

通过上述考察，对课程讲解的内容加深理解，充分认识本课程的重要性。使自己在今后的学习中如何更好的掌握本课程应该掌握的基本知识与基本技能。同时培养自己的观察能力、记录能力、书面和口头表达能力。

4.3 实训要求

1. 写出考察报告，主题是通过建筑装饰装修工程考察，谈谈如何学好《建筑装饰构造、材料与施工》课程。

2. 字数要求：不少于 1500 字

3. 开一个主题班会，对报告进行交流，同学进行互相评议。或出一期主题墙报，将优秀考察报告展示出来。

4.4 特别关照

考察过程中一定要注意安全。

建筑装饰装修专业参观考察报告

一．考察经过

二．考察的主要收获

三．通过考察谈谈对本课程的认识以及准备如何学好本课程

四．自我测评和教师考核

系列	考核内容	考核方法	要求达到的水平	指标	小组评分	教师评分
基本素质	组织纪律性	点名	准时、安全到达考察地点	10		
		检查笔记情况	认真观察、认真听讲、认真写笔记	10		
实际工作能力	在校外实训室场所，认真参与各项考察活动，完成考察的全过程	检测各项能力	现场观察的能力	10		
			笔记的能力	10		
			分析归纳的能力	10		
			实习报告的写作能力	10		
			理论联系实际的能力	10		
表达能力	考察报告	考察报告质量	考察报告条理清楚、内容详实、书写清晰、	20		
	考察汇报	汇报质量	口头汇报交流条理清晰	10		
任务完成的整体水平				100		

教学指南-1 延伸阅读文献

[1] 德国博世公司网站（http：//www.bosch.com.cn/new/web/site/index_cn.htm）

教学指南-2 教学内容和教学要求

请按下表的教学要求，学习本章的相关教学内容，掌握相关知识点。

《学习领域2 施工机具》教学内容和教学要求表（考试大纲）

教学内容	主要知识点	主要能力点	教学要求
钻（拧）孔机具			
2.1.1 电钻	1. 电钻概述；2. 电钻的规格；3. 使用注意事项		
2.1.2 冲击电钻	1. 冲击电钻概述；2. 冲击电钻的规格；3. 使用注意事项		
2.1.3 电锤	1. 电锤概述；2. 电锤的种类和型号；3. 使用注意事项；4. 电锤的维护与检修		
2.2 锯（割、切、裁、剪）断机具			
2.2.1 电动曲线锯	1. 电动曲线锯概述；2 电动曲线锯规格；3. 电动曲线锯操作注意事项		
2.2.2 电剪刀	1. 电剪刀概述；2. 电剪刀的规格；3. 电动剪刀的使用注意事项		熟悉
2.2.3 型材切割机	1. 型材切割机规格；2. 型材切割机规格；3. 使用注意事项		
2.3 磨光机具			
2.3.1 电动角向磨光机	1. 电动角向磨光机的用途；2. 电动角向磨光机的规格及技术参数；3. 电动角向磨光机的工作条件；4. 使用注意事项	常用施工机具的功能、规格的分辨能力和使用注意事项的把握能力	
2.3.2 电动磨石机	1. 电动大型角磨机概述；2. 电动大型角磨机的规格及参数；3. 使用注意事项		熟悉
2.3.3 电动角向钻磨机	1. 电动角向钻磨机概述；2. 电动角向钻磨机的规格及参数		
2.3.4 电动抛光机	1. 电动抛光机概述；2. 电动抛光机的基本参数		
2.4 钉牢机具			
2.4.1 射钉枪	1. 射钉枪概述；2. 使用注意事项		了解
2.4.2 风动打钉枪	1. 风动打钉枪概述；2. 风动打钉枪的基本参数		
2.5 其他机具			
2.5.1 铆固机具	1. 风动拉铆枪概述；2. 风动拉铆枪的基本参数		
2.5.2 空气压缩机	1. 气动球阀泵；2. 柱式球阀泵；3. 喷枪；4. 输气管和输料管；5. 贮料桶		了解
2.5.3 测量器具	1. 激光测距仪；2. 激光水平仪		
教学指南			

教学指南 -3　自我检查

1. 钻（拧）孔机具有哪几种？简述电锤的用途及使用注意事项。

答：品种 1.＿＿＿＿＿＿＿＿＿＿＿＿＿＿＿＿＿＿＿＿＿＿＿

　　品种 2.＿＿＿＿＿＿＿＿＿＿＿＿＿＿＿＿＿＿＿＿＿＿＿

　　品种 3.＿＿＿＿＿＿＿＿＿＿＿＿＿＿＿＿＿＿＿＿＿＿＿

2. 简述电锤的用途及使用注意事项。

答：注意 1：＿＿＿＿＿＿＿＿＿＿＿＿＿＿＿＿＿＿＿＿＿＿

　　注意 2：＿＿＿＿＿＿＿＿＿＿＿＿＿＿＿＿＿＿＿＿＿＿

　　注意 3：＿＿＿＿＿＿＿＿＿＿＿＿＿＿＿＿＿＿＿＿＿＿

　　注意 4：＿＿＿＿＿＿＿＿＿＿＿＿＿＿＿＿＿＿＿＿＿＿

3. 锯断机具有哪几种？

答：品种 1：＿＿＿＿＿＿＿＿＿＿＿＿＿＿＿＿＿＿＿＿＿＿

　　品种 2：＿＿＿＿＿＿＿＿＿＿＿＿＿＿＿＿＿＿＿＿＿＿

　　品种 3：＿＿＿＿＿＿＿＿＿＿＿＿＿＿＿＿＿＿＿＿＿＿

4. 简述电动曲线锯的用途及使用注意事项。

答：注意 1：＿＿＿＿＿＿＿＿＿＿＿＿＿＿＿＿＿＿＿＿＿＿

　　注意 2：＿＿＿＿＿＿＿＿＿＿＿＿＿＿＿＿＿＿＿＿＿＿

　　注意 3：＿＿＿＿＿＿＿＿＿＿＿＿＿＿＿＿＿＿＿＿＿＿

　　注意 4：＿＿＿＿＿＿＿＿＿＿＿＿＿＿＿＿＿＿＿＿＿＿

　　注意 5：＿＿＿＿＿＿＿＿＿＿＿＿＿＿＿＿＿＿＿＿＿＿

5. 简述型材切割机（介铝机）的使用注意事项。

答：注意 1：＿＿＿＿＿＿＿＿＿＿＿＿＿＿＿＿＿＿＿＿＿＿

　　注意 2：＿＿＿＿＿＿＿＿＿＿＿＿＿＿＿＿＿＿＿＿＿＿

　　注意 3：＿＿＿＿＿＿＿＿＿＿＿＿＿＿＿＿＿＿＿＿＿＿

　　注意 4：＿＿＿＿＿＿＿＿＿＿＿＿＿＿＿＿＿＿＿＿＿＿

　　注意 5：＿＿＿＿＿＿＿＿＿＿＿＿＿＿＿＿＿＿＿＿＿＿

　　注意 6：＿＿＿＿＿＿＿＿＿＿＿＿＿＿＿＿＿＿＿＿＿＿

　　注意 7：＿＿＿＿＿＿＿＿＿＿＿＿＿＿＿＿＿＿＿＿＿＿

6. 简述磨光机具的用途。

答：＿＿＿＿＿＿＿＿＿＿＿＿＿＿＿＿＿＿＿＿＿＿＿＿＿＿

　＿＿＿＿＿＿＿＿＿＿＿＿＿＿＿＿＿＿＿＿＿＿＿＿＿＿＿＿

7. 简述钉牢机具的用途。

答：＿＿＿＿＿＿＿＿＿＿＿＿＿＿＿＿＿＿＿＿＿＿＿＿＿＿

　＿＿＿＿＿＿＿＿＿＿＿＿＿＿＿＿＿＿＿＿＿＿＿＿＿＿＿＿

8. 简述激光测量工具的用途。

答：＿＿＿＿＿＿＿＿＿＿＿＿＿＿＿＿＿＿＿＿＿＿＿＿＿＿

教学指南－4 实训课题

施工机具认知及操作实训

4.1 实训目的

通过下列实训对课程讲解的建筑装饰装修常用施工机具的种类、使用方式有直观的认识。

4.2 实训要求

4.2.1 通过到建筑器材商店辨认建筑装饰装修施工机具的实训，了解常用的建筑装饰装修施工机具国产及进口主要品牌，并能理解电动工具的用途、理解电动工具使用的安全要点和保养常识。

4.2.2 通过到建筑装饰装修施工工地观看建筑装饰装修施工机具的操作，了解常用的建筑装饰装修施工机具的操作方式。

4.2.3 通过在校内实训室进行激光测距仪的测距训练，使自己掌握激光测距仪的测距方式。

4.3 实训类型

4.3.1 参观、考察实训

1. 到建筑器材商店辨认建筑装饰装修施工机具。

建议：重点是辨认国产品牌的建筑装饰装修施工机具。

2. 到建筑装饰装修施工工地观看建筑装饰装修施工机具的操作。

建议：重点是观看电动工具的操作，请工人师傅讲解电动工具使用的安全要点和保养常识。

4.3.2 操作能力实训

实训课题：在校内实训室进行激光测距仪测距训练

任务编号		时间安排	理论准备	2 学时
实训任务	激光测距仪测距训练		实践	1 学时
学习领域	施工机具		材料整理	1 学时
任务名称	对一个教室空间进行激光测距训练		合计	4 学时
任务要求	画一个教室空间的平面图，通过激光测距仪获取建筑平面的尺寸数据，并标到图纸上			
行动描述	教师根据授课要求提出实训要求。学生实训团队根据实训任务和现场情况，先画出一个教室空间的平面图，然后用激光测距仪将这个教室的尺度及门、窗、柱子等构件的尺度信息按国家制图标准，标注在该平面图上。完成以后，学生进行自评，教师进行点评			
工作岗位	本工作属于工程部施工员、设计员、资料员			
工作过程	详见附件：激光测距仪测距实训流程			
工作要求	按国家制图标准，在建筑平面图上标注正确的尺寸			

工作工具	记录本、合页纸、笔、激光测距仪、卷尺等
工作团队	1. 分组。4~6人为一组，选1名项目组长，确定1~2名见习设计员、1~3名见习施工员、1~2名见习资料员 2. 各位成员分头进行各项准备。做好资料、施工工具、画图根据等准备工作
工作方法	1. 项目组长制订计划，制订工作流程，为各位成员分配任务 2. 见习设计员准备图纸，画出教室平面图 3. 两名见习施工员操作激光测距仪，获取数据 4. 见习设计员将数据标注到教室平面图上 5. 组长对数据进行核查，纠正存在的错误，补充存在的遗漏 6. 见习资料员整理测量资料 7. 项目组长主导进行实训评估和总结 8. 指导教师核查实训情况，并进行点评
阀　值	通过实践操作掌握激光测距仪使用方法，为今后在工程中使用现代测量仪器作好知识和能力准备

附件：激光测距仪测距实训流程

一、实训团队组成

团队成员	姓名	主要任务
项目组长		
见习设计员		
见习材料员		
见习施工员		
见习资料员		
见习质检员		
其他成员		

二、实训计划

工作任务	完成时间	工作要求

三、实训方案

1. 进行技术准备

1）获取图纸。根据实训现场教室的长与宽及门、窗、柱的情况按比例画出平面图。

2）学习激光测距仪的使用说明书。主要了解使用方法和保养方法。

2. 机具准备

施工机具设备表

序号	分类	名 称
1	工具	
2	计量检测用具	

3. 整理测量资料

以下各项工程资料需要装入专用资料袋

序号	资料目录	份数	验收情况
1	现场图纸		
2	原始实际尺寸		
3	考核评分		

4. 实训考核成绩评定

激光测距仪测量实训考核内容、方法及成绩评定标准

系列	考核内容	考核方法	要求达到的水平	指标	小组评分	教师评分
对基本知识的理解	对激光测距仪的理论掌握	理解说明书	能正确理解激光测距仪的使用方法	20		
		理解质量标准和验收方法	正确理解激光测距仪的保养方法	20		
实际工作能力	在校内实训室场所，进行实际动手操作，完成测量任务	运用现代测量设备进行测量能力及图面标注的情况	现场平面图绘制能力	10		
			测量设备运用能力	10		
			尺寸标注能力	10		
			尺寸核对能力	10		
职业关键能力	团队精神组织能力	个人和团队评分相结合	计划的周密性	5		
			人员调配的合理性	5		
验收能力	根据实训结果评估	实训结果和资料核对	测量资料验收	10		
任务完成的整体水平				100		

建筑装饰装修材料·构造·施工
——课程学习指南及实训课题集

教学指南 –1 延伸阅读文献

[1] 本手册编委会．建筑标准·规范·资料速查手册–室内装饰装修工程 [M]．北京：中国计划出版社，2006.

[2] 建筑节点构造图集编委会．建筑节点构造图集–外装修 [M]．北京：中国建筑工业出版社，2008.

[3] 新型建筑材料专业委员会．新型建筑材料使用手册 [M]．北京：中国建筑工业出版社，1992

[4] 中华人民共和国建设部．建筑装饰装修工程质量验收规范 GB 50210—2001 [S]．北京：中国建筑工业出版社，2002.

[5] 田延友．建筑幕墙施工图集 [M]．北京：中国建筑工业出版社，2006.

教学指南 –2 教学内容和教学要求

请按下表的教学要求，学习本章的相关教学内容，掌握相关知识点。

《学习领域 3 墙柱面工程》教学内容和教学要求表（考试大纲）

教学内容	主要知识点	主要能力点	教学要求
3.1 墙柱面概述			
3.1.1 墙柱面分类	1. 按位置分；2. 按工艺分	墙柱面工程相关概念的把握能力	熟悉
3.1.2 墙柱面基本功能	1. 外墙（柱）；2. 内墙（柱）		
3.1.3 墙柱面基本构造	1. 墙；2. 柱		
3.1.4 墙柱面常用材料			
3.2 抹灰类墙柱面构造、材料、施工、检验			
3.2.1 抹灰类墙柱面构造解析	1. 分层构造；2. 普通抹灰墙柱面构造；3. 装饰抹灰墙柱面构造	抹灰类墙柱面构造设计的初步能力、材料辨识能力、施工工艺编制能力、工程质量控制与验收能力	熟悉
3.2.2 抹灰类墙柱面材料查询			
3.2.3 抹灰类墙柱面施工工艺	1. 抹灰类墙柱面施工流程和工艺；2. 抹灰类墙柱面施工注意要点		
3.2.4 抹灰类墙柱面质量验收	1. 主控项目；2. 一般项目		
3.3 贴面类墙柱面构造、材料、施工、检验			
3.3.1 贴面类墙柱面构造	直接类；干挂类	贴面类墙柱面构造设计的初步能力、材料辨识能力、施工工艺编制能力、工程质量控制与验收能力	重点掌握
3.3.2 贴面类墙柱面材料			
3.3.3 贴面类墙柱面施工			
3.3.3.1 内墙贴面的施工	1. 内墙贴面施工流程工艺；2. 内墙贴面施工注意要点		
3.3.3.2 外墙贴面施工	1. 外墙贴面施工流程工艺；2. 外墙贴面施工注意要点		
3.3.4 贴面类墙柱面质量验收	1. 主控项目；2. 一般项目		

教学内容	主要知识点	主要能力点	教学要求
3.4 涂刷类墙柱面构造、材料、施工、检验		涂刷类墙柱面构造设计的初步能力、材料辨识能力、施工工艺编制能力、工程质量控制与验收能力	了解
3.4.1 涂刷类墙柱面构造	1. 底层；2. 中间层；3. 面层		
3.4.2 涂刷类墙柱面材料			
3.4.3 涂刷类墙柱面施工工艺	1. 涂刷施工流程和工艺；2. 涂刷施工注意要点		
3.4.4 涂刷类墙柱面质量验收	1. 主控项目；2. 一般项目		
3.5 裱糊类墙柱面构造、材料、施工、检验		裱糊类墙柱面构造设计的初步能力、材料辨识能力、施工工艺编制能力、工程质量控制能力	熟悉
3.5.1 裱糊类墙柱面的材料			
3.5.2 裱糊类墙柱面的构造			
3.5.3 裱糊类墙柱面的施工工艺	1. 裱糊施工流程和工艺；2. 裱糊施工注意要点		
3.5.4 裱糊类墙柱面质量验收	1. 主控项目；2. 一般项目		
3.6 镶板类墙柱面构造、材料、施工、检验		镶板类墙柱面构造设计的初步能力、材料辨识能力、施工工艺编制能力、工程质量控制与验收能力	了解
3.6.1 镶板类墙柱面的材料			
3.6.2 镶板类墙柱面的构造	1. 预埋；2. 骨架；3. 面层		
3.6.3 镶板类墙柱面的施工工艺	1. 镶板施工流程工艺；2. 镶板施工注意要点		
3.6.4 镶板类墙柱面质量验收	1. 主控项目；2. 一般项目		
3.7 软包类墙柱面构造、材料、施工、检验		软包类墙柱面构造设计的初步能力、材料辨识能力、施工工艺编制能力、工程质量控制与验收能力	熟悉
3.7.1 软包类墙柱面材料			
3.7.2 软包类墙柱面构造	1. 预埋；2. 骨架；3. 面层		
3.7.3 软包类墙柱面施工工艺	1. 软包施工流程和工艺；2. 软包施工注意要点		
3.7.4 软包类墙柱面质量验收	1. 主控项目；2. 一般项目		

教学指南

教学指南 -3 自我检查

1. 按建筑部位分类有哪些墙柱面？按施工工艺分类有哪些墙柱面工程？

　答：按建筑部位分类有哪些墙柱面有：_____

_____

_____

_____

_____

　按施工工艺分类有哪些墙柱面工程有：_____

_____

_____

_____

_____

_____

_____

2. 轻质墙的砌筑要注意哪两点?

答：注意 1：_____

_____

注意 2：_____

_____

3. 简述轻钢龙骨隔墙的优点。

答：_____

_____

_____

_____

4. 简述墙柱面分层做法的施工要求。

答：底层施工要求：_____

_____

中层施工要求：_____

_____

面层施工要求：_____

_____

5. 简述装饰抹灰的构造做法。

答：

抹灰名称	层	构造做法
假面砖	底	
	面	
斩假石	底	
	面	

抹灰名称	层	构造做法
拉假石	底	
	面	
水刷石	底	
	面	
干黏石	底	
	层	
喷黏石	底	
	面	

6. 简述内墙贴面工程的施工流程和施工注意要点。

答：内墙贴面工程的施工流程：_____

_____

_____

内墙贴面工程施工注意要点：

注意1：_____

注意2：_____

_____

注意3：_____

_____

注意4：_____

_____

注意5：_____

_____

_____

注意6：_____

_____

_____

7. 简述涂刷类墙柱面三层构造的主要功能。

答：底层主要功能：_____

_____

_____

_____

中层主要功能：_____

_____

_____

_____

面层主要功能：_____

_____

_____

8. 简述水性涂饰工程质量验收的主控项目和检验方法。

答：1)

检验方法：

2)

检验方法：

3)

检验方法：

4)

检验方法：

9. 简述裱糊类墙柱面施工的技术准备。

答：1)

2)

3)

10. 简述裱糊类墙柱面工程基层处理的施工要求。

答：裱糊类墙柱面工程基层施工要求有：

1) _____

_____

_____

2) _____

_____

3) _____

_____

4) _____

_____

5) _____

_____

6) _____

_____

7) _____

11. 简述镶板类墙柱面板材安装的允许偏差和检验方法。

项次	项　目	允许偏差（mm）	检　验　方　法
1	立面垂直度		
2	表面平整度		
3	阴阳角方正		
4	接缝直线度		
5	压条直线度		
6	接缝高低差		

12. 用钢笔草图画出软包直接法构造方法。

_____

_____

_____

_____

_____

_____

_____

_____

_____

_____

_____

_____

_____

_____

教学指南－4　实训课题

墙柱面工程设计及操作能力实训

4.1　实训目的

通过下列实训，充分理解轻钢龙骨纸面石膏板隔墙、装饰柱和软包类装饰装修墙柱面的构造。通过在校内实训室进行外墙或内墙面砖的铺贴训练，使自己在今后的设计和施工实践中能够更好的把握墙柱面的材料、构造、施工的主要技术关键。

4.2　实训要求

4.2.1　通过设计能力实训理解墙柱面工程的材料、构造。

4.2.2　通过市场调查，了解楼墙柱面工程的主要材料的品牌、品种、特点、价格。对墙柱面工程的施工情况有感性认识。特别是通过校内实训室进行的外墙或内墙面砖铺贴实训项目，对墙柱面工程面砖铺贴的技术准备、材料要求、施工流程和工艺、质量标准和检验方法的实际操作对所学的理论知识进行验证，并能举一反三。

4.3　实训类型

4.3.1　设计能力实训

1. 采用轻钢龙骨纸面石膏板的隔墙将某办公室分成两间，请画出轻钢龙骨纸面石膏板的隔墙施工草图，要求有节点构造图。

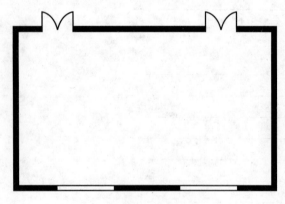

某办公室平面图

2. 将图中的装饰柱还原成构造节点图。

3. 为某卧室设计 1 软包类装饰装修墙柱面,并画出装饰装修构造节点图。

4.3.2 操作能力实训

实训课题：1. 在校内实训室进行外墙或内墙面砖的装配训练

任务编号		时间安排	理论准备	2 学时
实训任务	外墙或内墙面砖的装配训练		实践	4 学时
学习领域	楼地面工程		材料整理	4 学时
任务名称	外墙或内墙面砖的装配		合计	10 学时
任务要求	按外墙或内墙面砖的施工工艺装配 6～8m² 的外墙或内墙面砖			
行动描述	教师根据授课要求提出实训要求。学生实训团队根据设计方案和实训施工现场，按外墙或内墙面砖的施工工艺装配 6～8m² 的外墙或内墙面砖，并按外墙或内墙面砖的工程验收标准和验收方法对实训工程进行验收，各项资料按行业要求进行整理。完成以后，学生进行自评，教师进行点评			
工作岗位	本工作属于工程部施工员			
工作过程	详见附件：外墙或内墙面砖实训流程			
工作要求	按国家验收标准，装配外墙或内墙面砖，并按行业惯例准备各项验收资料			
工作工具	记录本、合页纸、笔、相机、卷尺等			
工作团队	1. 分组。6～10 人为一组，选 1 名项目组长，确定 1～3 名见习设计员、1 名见习材料员、1～3 名见习施工员、1 名见习资料员、1 名见习质检员 2. 各位成员分头进行各项准备。做好资料、材料、设计方案、施工工具等准备工作			
工作方法	1. 项目组长制订计划，制订工作流程，为各位成员分配任务 2. 见习设计员准备图纸，向其他成员进行方案说明和技术交底 3. 见习材料员准备材料，并主导材料验收任务 4. 见习施工员带领其他成员进行放线，放线完成以后进行核查 5. 按施工工艺进行地龙骨装配、面砖安装、清理现场准备验收 6. 由见习质检员主导进行质量检验 7. 见习资料员记录各项数据，整理各种资料 8. 项目组长主导进行实训评估和总结 9. 指导教师核查实训情况，并进行点评			
阀 值	通过实践操作进一步掌握外墙或内墙面砖的施工工艺和验收方法，为今后走上工作岗位做好知识和能力准备			

附件：内墙或外墙面砖铺贴实训流程

一、实训团队组成

团队成员	姓名	主要任务
项目组长		
见习设计员		
见习材料员		
见习施工员		
见习资料员		
见习质检员		
其他成员		

二、实训计划

工作任务	完成时间	工作要求

三、实训方案

1. 进行技术准备

1）深化设计。根据实训现场设计图纸、确定地面标高，进行面砖龙骨编排等深化设计。

2）材料检查。

内墙贴面材料要求

序	材料	要求（mm）
1	水泥	
2	砂子	
3	面砖	
4	石灰膏	
5	生石灰粉	
6	粉煤灰	

外墙贴面材料要求

序	材料	要求（mm）
1	水泥	
2	白水泥	
3	砂子	
4	水	
5	面砖	
6	石灰膏	
7	生石灰粉	
8	粉煤灰	
9	界面胶粘剂	
10	胶粉胶粘剂、勾缝剂	

3）报批。编制施工方案，经项目组充分讨论，并经指导教师审批。

4）技术交底。熟悉施工图纸及设计说明，对操作人员进行安全技术交底，明确设计要求。

2. 机具准备。见配套教材表 4-89。

外墙或内墙面砖工程机具设备表

序	分类	名　　称
1	机械	
2	工具	
3	计量检测用具	
4	安全防护用品	

3. 作业条件准备。

（1）主体结构施工完成后经检验合格。

（2）面砖及其他材料已进场，经检验其质量、规格、品种、数量、各项性能指标应符合设计和规范要求，并经检验复试合格。

（3）各种专业管线、设备、预留预埋件已安装完成，经检验合格并办理交接手续。

（4）门、窗框已安装完成，嵌缝符合要求，门窗框已贴好保护膜，栏杆、预留孔洞及落水管预埋件等已施工完毕，且均通过检验，质量符合要求。

（5）施工所需的脚手架已经搭设完，垂直运输设备已安装好，符合使用要求和安全规定，并经检验合格。

（6）施工现场所需的临时用水、用电，各种工、机具准备就绪。

（7）各控制点、水平标高控制线测设完毕，并经预检合格。

4. 编写施工工艺

工序	施工流程	施工要求
1	准备	

工序	施工流程	施工要求
2	粘贴	
3	收口	

5. 明确验收方法

外墙或内墙面砖工程质量标准和检验方法见教材表 3-23。

外墙或内墙面砖工程检验记录

序号	分项	质量标准
1	主控项目	

序号	分项	质量标准
2	一般项目	

项目	允许偏差（mm）		检验方法
	外墙柱面砖	内墙柱面砖	
立面垂直度			
表面平整度			
阴阳角方正			
接缝直线度			
接缝高低差			
接缝宽度			

6. 整理各项资料

以下各项工程资料需要装入专用资料袋

序号	资料目录	份数	验收情况
1	设计图纸		
2	现场原始实际尺寸		
3	工艺流程和施工工艺		
4	工程竣工图		
5	验收标准		
6	验收记录		
7	考核评分		

7. 总结汇报

实训团队成员个人总结

建议从下列方面进行总结：

7.1 实训情况概述（任务、要求、团队组成等）

7.2 实训任务完成情况

7.3 实训的主要收获

7.4 存在的主要问题

7.5 团队合作情况（个人在团队中的作用、团队的整体表现、团队的竞争力如何等）

7.6 对实训安排有什么建议

8. 实训考核成绩评定

面砖铺贴实训考核内容、方法及成绩评定标准

系列	考核内容	考核方法	要求达到的水平	指标	小组评分	教师评分
对基本知识的理解	对外墙或内墙面砖的理论掌握	编写施工工艺	能正确编制施工工艺	30		
		理解质量标准和验收方法	正确理解质量标准和验收方法	10		
实际工作能力	在校内实训室场所,进行实际动手操作,完成装配任务	检测各项能力	技术交底的能力	8		
			材料验收的能力	8		
			放样放线的能力	4		
			面砖龙骨装配调平和面砖安装的能力	12		
			质量检验的能力	8		
职业关键能力	团队精神组织能力	个人和团队评分相结合	计划的周密性	5		
			人员调配的合理性	5		
验收能力	根据实训结果评估	实训结果和资料核对	验收资料完备	10		
任务完成的整体水平				100		

实训课题2. 墙柱面材料调研（外墙或内墙面砖）

参观当地大型的装饰材料市场,全面了解各类楼地面装饰材料。

重点了解10款市场受消费者欢迎的瓷砖、抛光砖、花岗石、大理石、地砖（任选一种）的品牌、品种、规格、特点、价格。

任务编号		时间安排	理论准备	2学时
实训任务	墙柱面材料调研（外墙或内墙面砖）		实践	4学时
学习领域	墙柱面工程		材料整理	4学时
任务名称	制作面砖品牌看板		合计	10学时
任务要求	调查本地材料市场墙柱面材料,重点了解10款市场受消费者欢迎的面砖材料的品牌、品种、规格、特点、价格			
行动描述	1. 参观当地大型的装饰材料市场,全面了解各类墙柱面装饰材料 2. 重点了解10款市场受消费者欢迎的面砖材料的品牌、品种、规格、特点、价格 3. 将收集的素材整理成内容简明、可以向客户介绍的材料看板			
工作岗位	本工作属于工程部、设计部、材料部,岗位为施工员、设计院、材料员			
工作过程	到建筑装饰材料市场进行实地考察,了解面砖材料的市场行情,特别是内墙和外墙两大墙柱面贴面材料。做到能够熟悉本地知名面砖品牌、识别面砖品种,为装修设计选材和施工管理的材料选购质量鉴别打下基础 1. 选择材料市场 2. 与店方沟通,请技术人员讲解面砖品种和特点 3. 收集面砖宣传资料 4. 实际丈量不同的面砖规格、作好数据记录 5. 整理素材 6. 编写10款市场受消费者欢迎的面砖的品牌、品种、规格、特点、价格的看板			
工作对象	建筑装饰市场材料商店的面砖材料			
工作工具	记录本、合页纸、笔、相机、卷尺等			

工作方法	1. 先熟悉材料商店整体环境 2. 征得店方同意 3. 详细了解面砖的品牌和种类 4. 确定一种品牌进行深入了解 5. 拍摄选定面砖品种的数码照片 6. 收集相应的资料 注意：尽量选择材料商店比较空闲的时间，不能干扰材料商店的工作
工作团队	1. 事先准备。做好礼仪、形象、交流、资料、工具等准备工作 2. 选择调查地点。 3. 分组。4~6人为一组，选一名组长，每人选择一个品牌的面砖进行市场调研。然后小组讨论，确定一款面砖品牌进行材料看板的制作
工作要求	工作对象确定，原始平面图和测量数据要求详细、准确。原始空间分析意见。 教学重点：1. 选择品牌；2. 了解该品牌面砖的特点 教学难点：1. 与商店领导和店员的沟通；2. 材料数据的完整、详细、准确；3. 资料的整理和归纳；4. 看板版式的设计
阀　值	是建筑装饰设计和施工的提供市场材料信息，为后续工作服务

_____市（区、县）面砖市场调查报告

调查团队成员	
调查地点	
调查时间	
调查过程简述	
调查品牌	
品牌介绍	

品种1

品种名称		面砖照片
面砖规格		
面砖特点		
价格范围		

品种 2		
品种名称		
面砖规格		面砖照片
面砖特点		
价格范围		

品种 3		
品种名称		
面砖规格		面砖照片
面砖特点		
价格范围		

品种 4		
品种名称		
面砖规格		面砖照片
面砖特点		
价格范围		

品种 5		
品种名称		
面砖规格		面砖照片
面砖特点		
价格范围		

品种 6		
品种名称		
面砖规格		
面砖特点		面砖照片
价格范围		

品种 7		
品种名称		
面砖规格		
面砖特点		面砖照片
价格范围		

品种 8		
品种名称		
面砖规格		
面砖特点		面砖照片
价格范围		

品种 9		
品种名称		
面砖规格		
面砖特点		面砖照片
价格范围		

品种 10		
品种名称		
面砖规格		
面砖特点		面砖照片
价格范围		

实训考核内容、方法及成绩评定标准

系列	考核内容	考核方法	要求达到的水平	指标	小组评分	教师评分
对基本知识的理解	对面砖材料的理论检索和市场信息捕捉能力	资料编写的正确程度	预先了解面砖的材料属性	30		
		市场信息了解的全面程度	预先了解本地的市场信息	10		
实际工作能力	在校外实训室场所,实际动手操作,完成调研的过程	各种素材展示	选择比较市场材料的能力	8		
			拍摄清晰材料照片的能力	8		
			综合分析材料属性的能力	8		
			书写分析调研报告的能力	8		
			设计编排调研报告的能力	8		
职业关键能力	团队精神和组织能力	个人和团队评分相结合	计划的周密性	5		
			人员调配的合理性	5		
书面沟通能力	调研结果评估	看板集中展示	外墙或内墙面砖资讯完整美观	10		
任务完成的整体水平				100		

建筑装饰装修材料·构造·施工

——课程学习指南及实训课题集

教学指南 -1 延伸阅读文献

[1] 本手册编委会. 建筑标准·规范·资料速查手册 - 室内装饰装修工程 [M]. 北京：中国计划出版社，2006.

[2] 国振喜. 建筑装饰装修工程施工及质量验收手册 [M]. 北京：机械工业出版社. 2006.

[3] 山西建筑工程（集团）总公司. 建筑装饰装修工程施工工艺标准 [M]. 太原：山西科学技术出版社. 2007.

[4] 薛健、周长积. 装修构造与做法 [M]. 天津：天津大学出版社. 1998.

[5] 中华人民共和国建设部. 建筑地面工程施工验收规范 GB 50209—2002 [S]. 北京：中国建筑工业出版社，2002.

[6] 中华人民共和国建设部. 建筑装饰装修工程质量验收规范 GB 50210—2001 [S]. 北京：中国建筑工业出版社，2002.

教学指南 -2 教学内容和教学要求

请按下表的教学要求，学习本章的相关教学内容，掌握相关知识点。

《学习领域 4 楼地面工程》教学内容和教学要求表（考试大纲）

教学内容	主要知识点	主要能力点	教学要求
4.1　楼地面概述			
4.1.1　楼地面的分类	1. 按面层材料分；2. 按构造方法和施工工艺分；3. 按使用要求分	墙柱面相关概念的把握能力	了解
4.1.2　楼地面的基本功能	1. 保护功能；2. 使用功能；3. 装饰功能		
4.1.3　地面的构造组成	1. 面层；2. 结合层；3. 基层；4. 基土		重点掌握
4.1.4　楼面的构造组成	1. 面层；结合层；2. 基层；3. 结构层		
4.2　楼地面基层构造、材料、施工、检验			
4.2.1　基土	1. 基土的构造；2. 基土的材料要求；3. 基土施工；4. 基土施工质量标准和验收方法	楼地面基层构造设计的初步能力、材料辨识能力、施工工艺编制能力、工程质量控制与验收能力	熟悉
4.2.2　垫层	1. 灰土垫层；2；碎砖、碎石垫层；3. 水泥混凝土垫层		
4.2.3　找平层	1. 找平层的构造；2. 找平层的材料；3. 水泥砂浆；水泥混凝找平层施工；4. 找平层质量标准和验收要求		
4.2.4　隔离层	1. 隔离层的构造；2. 隔离层的材料要求；3. 隔离层施工；4. 隔离层质量标准和验收要求		
4.2.5　填充层	1. 填充层的构造；2. 填充层的材料；3. 填充层的施工；4. 填充层质量标准和验收要求		

教学内容	主要知识点	主要能力点	教学要求
4.3　整体面层楼地面构造、材料、施工、检验			
4.3.1　水泥砂浆面层楼地面	1. 水泥砂浆面层楼地面构造；2. 水泥砂浆面层的材料；3. 水泥砂浆面层施工；4. 水泥砂浆面层质量标准和验收要求	整体面层楼地面构造设计的初步能力、材料辨识能力、施工工艺编制能力、工程质量控制与验收能力	了解
4.3.2　水泥混凝土面层楼地面	1. 水泥混凝土楼地面的构造；2. 水泥混凝土面层材料；3. 水泥混凝土面层施工；4. 水泥混凝土面层质量标准和验收要求		
4.3.3　现浇水磨石面层楼地面	1. 现浇水磨石面层楼地面构造；2. 现浇水磨石面层的材料；3. 现浇水磨石面层施工；4. 水磨石面层质量标准和验收方法		
4.3.4　环氧树脂涂布面层楼地面	1. 涂布面层楼地面构造；2. 环氧树脂涂布材料；3. 环氧树脂涂布面层施工；4. 环氧树脂涂布面层质量标准和验收要求		
4.4　板块式面层楼地面构造、材料、施工、检验			
4.4.1　陶瓷地砖面层楼地面	1. 瓷地砖面层楼地面构造；2. 陶瓷地砖面层及相关材料的要求；3. 陶瓷地砖面层施工；4. 陶瓷地砖面层质量标准和验收要求	相关楼地面构造设计的初步能力、材料辨识能力、施工工艺编制能力、工程质量控制与验收能力	重点掌握
4.4.2　缸砖面层楼地面	1. 缸砖面层楼地面构造；2. 缸砖面层及相关材料；3. 缸砖地面面层施工；4. 缸砖面层质量标准和验收方法		
4.4.3　花岗石及大理石面层楼地面	1. 花岗石及大理石楼地面构造；2. 花岗石及大理石及铺设材料要求；3. 花岗石及大理石面层施工；4. 大理石及花岗石面层质量标准和验收要求		
4.4.4　塑料板面层楼地面	1. 塑料板面层楼地面构造；2. 塑料板及铺设材料；3. 塑料板面层施工；4. 塑料板面层质量标准和验收方法		了解
4.4.5　活动地板面层楼地面	1. 活动地板面层楼地面构造；2. 活动地板及辅助材料；3. 活动地板面层施工；4. 活动地板面层质量标准和验收方法		
4.5　木、竹面层楼地面构造、材料、施工、检验			
4.5.1　实木地板面层楼地面	1. 实木地板面层楼地面构造；2. 实木地板及铺设材料；3. 实木地板楼地面施工；4. 实木地板面层质量标准和验收方法	相关楼地面构造设计的初步能力、材料辨识能力、施工工艺编制能力、工程质量控制与验收能力	重点掌握
4.5.2　中密度（强化）复合地板面层楼地面	1. 强化复合地板楼地面构造；2. 强化复合地板及铺设材料；3. 强化复合地板面层施工；4. 中密度（强化）复合木地板面层质量标准和验收方法		
教学指南			

教学指南 -3　自我检查

1. 楼地面如何分类?

答：分类1：_____

　　　分类2：_____

　　　分类3：_____

2. 简述楼地面的构造组成并用钢笔草图画出楼地面构造图。

答：构造组成：

　　　地面构造草图：

楼面构造草图：

3. 请回答基土表面允许偏差和检验方法？

答：基土表面的允许偏差应符合基层表面的允许偏差和检验方法表的规定

基层表面的允许偏差和检验方法表（单位：mm）

序号			1	2	3	4
项目			表面平整度	标高	坡度	厚度
允许偏差	基土	土				
	垫层	砂、砂石、碎砖、碎石				
		灰土、三合土、炉渣、水泥混凝土				
		木搁栅				
	找平层	毛地板	拼花实木地板、拼花实木复合地板			
			其他种类面层			
		用沥青玛琋脂做结合层铺设拼花木地板、板块面层				
		用水泥砂浆做结合层铺设板块面层				
		用胶粘剂做结合层铺设拼花木板、塑料板、强化复合地板、竹地板面层				
	填充层	松散材料				
		板、块材料				
	隔离层	防水、防潮、防油渗				
检验方法						

4. 请回答灰土垫层施工工艺及要点？

答：

施工工艺及要点表

工序	施工流程	施工要求
1	清理基土	
2	弹线、设标志	
3	灰土拌合	
4	分层铺灰土与夯实	
5	找平与验收	

5. 简述找平层施工的材料要求。

答：找平层材料要求：

序	材料	要　　求
1	水泥	
2	砂	
3	石子	
4	外加剂	

6. 画出现浇水磨石地面的构造，并说出各层的构造做法。

答：现浇水磨石地面的构造草图：

现浇水磨石地面各层的构造做法：

序号	构造层次	做　　法
1	面层	
2	结合层	
3	垫层	
4	基土	

7. 水磨石养护时间如何确定？

答：水泥砂浆找平层施工完毕，养护_____后施工面层；

面层养护一般不少于_____天。

8. 何谓"三磨二浆"？具体施工过程如何？

答："三磨二浆"是：_____

_____

_____

具体施工过程如何？_____

_____

_____

_____

_____

9. 简述陶瓷地砖楼面的构造做法和施工工艺流程和要求。

答：陶瓷地砖楼面的构造做法：

陶瓷地砖楼面构造做法表

序号	构造层次	做　　法	说　　明
1	面层		
2	结合层		
3	找平层		
4	填充层		
5	楼板		

陶瓷地砖楼面施工工艺流程和要求：

陶瓷地砖楼面施工流程和工艺

工序	施工流程	施工要求
1		
2		
3		
4		
5		

10. 简述大理石、花岗石地面工程质量标准和检验方法。

答：_____

_____

_____

_____

质量标准和验收方法表

序号	分项	质量标准
1	主控项目	
2	一般项目	

11. 简述塑料楼（地）板的构造做法。

答：

序号	构造层次	做　法
1	面层	
2	找平层	
3	防潮层	
4	找坡层	
5	结合层	
6	填充层 （垫层）	
7	楼板 （垫层）	
8	（基土）	

12. 活动地板施工操作要点有哪些?

答: 要点1: _____

_____

_____

要点2: _____

_____

_____

要点3: _____

_____

_____

_____

_____

_____

_____

_____

_____

_____

_____

_____

要点4: _____

_____

_____

_____

_____

_____

_____

_____

_____

_____

_____

_____

教学指南 –4　实训课题

楼地面工程设计与操作能力实训

4.1　实训目的

通过下列实训,充分理解楼地面工程的材料、构造、施工工艺和验收方法。使自己在今后的设计和施工实践中能够更好地把握楼地面工程的材料、构造、施工、验收的主要技术关键。

4.2　实训要求

4.2.1　通过设计能力实训理解楼地面工程的材料、构造。

4.2.2　通过市场调查和工地参观,了解楼地面的主要材料的品牌、品种、特点、价格。对楼地面的施工情况有感性认识。特别是通过亲手的实训项目,对楼地面地板铺贴的技术准备、材料要求、施工流程和工艺、质量标准和检验方法的实际操作对所学的理论知识进行验证,并能举一反三。

4.3　实训类型

4.3.1　设计能力实训

为宾馆大堂设计大理石和花岗石地面,画地面构造图,并编写施工工艺。

_____

_____

_____

_____

_____

_____

_____

_____

_____

_____

_____

_____

_____

_____

_____

_____

_____

4.3.2　操作能力实训

实训课题：1. 在校内实训室进行实木地板的装配训练

任务编号		时间安排	理论准备	2 学时
实训任务	实木地板的装配训练		实践	4 学时
学习领域	楼地面工程		材料整理	4 学时
任务名称	实木地板的装配		合计	10 学时
任务要求	按实木地板的施工工艺装配 6~8m² 的实木地板			
行动描述	教师根据授课要求提出实训要求。学生实训团队根据设计方案和实训施工现场，按实木地板的施工工艺装配 6~8m² 的实木地板，并按实木地板的工程验收标准和验收方法对实训工程进行验收，各项资料按行业要求进行整理。完成以后，学生进行自评，教师进行点评			
工作岗位	本工作属于工程部施工员			
工作过程	详见附件！实木地板实训流程			
工作要求	按国家验收标准，装配实木地板，并按行业惯例准备各项验收资料			
工作工具	记录本、合页纸、笔、相机、卷尺等			
工作团队	1. 分组。6~10 人为一组，选 1 名项目组长，确定 1~3 名见习设计员、1 名见习材料员、1~3 名见习施工员、1 名见习资料员、1 名见习质检员 2. 各位成员分头进行各项准备。做好资料、材料、设计方案、施工工具等准备工作			

工作方法	1. 项目组长制订计划，制订工作流程，为各位成员分配任务 2. 见习设计员准备图纸，向其他成员进行方案说明和技术交底 3. 见习材料员准备材料，并主导材料验收任务 4. 见习施工员带领其他成员进行放线，放线完成以后进行核查 5. 按施工工艺进行地龙骨装配、地板安装、清理现场准备验收 6. 由见习质检员主导进行质量检验 7. 见习资料员记录各项数据，整理各种资料 8. 项目组长主导进行实训评估和总结 9. 指导教师核查实训情况，并进行点评
阀 值	通过实践操作进一步掌握实木地板的施工工艺和验收方法，为今后走上工作岗位做好知识和能力准备

附件：实木地板实训流程

一、实训团队组成

团队成员	姓名	主要任务
项目组长		
见习设计员		
见习材料员		
见习施工员		
见习资料员		
见习质检员		
其他成员		

二、实训计划

工作任务	完成时间	工作要求

三、实训方案

1. 进行技术准备

1）深化设计。根据实训现场设计图纸、确定地面标高，进行地板龙骨编排等深化设计。

2）材料检查。实木地板（长条地板、拼花地板）、毛板、木搁栅和防潮垫等符合设计要求。

3）报批。编制施工方案，经项目组充分讨论，并经指导教师审批。

4）技术交底。熟悉施工图纸及设计说明，对操作人员进行安全技术交底，明确设计要求。

2. 机具准备。见配套教材表4-89。

实木地板工程机具设备表

序	分类	名　称
1	机械	
2	工具	
3	计量检测用具	

3. 作业条件准备。

（1）室内湿作业已经结束，并经验收合格。

（2）基层、预埋管线已施工完成，抹灰工程和管道试压等施工完毕，水系统打压已经结束，均经检验合格。

（3）安装好门窗框。

（4）对材料进行验收，且应符合设计要求。

（5）木地板已经挑选，并经编号分别存放。

（6）作业时施工条件（工序交叉、环境状态等）应满足施工质量可达到标准的要求。

（7）墙上水平控制线已经弹好。

4. 编写施工工艺

施工流程和工艺表

工序	施工流程	施工要求
1	基层施工	

工序	施工流程	施工要求
1	基层施工	
2	钉毛地板	

工序	施工流程	施工要求
3	面层铺设	

工序	施工流程	施工要求
3	面层铺设	
4	板面磨光	
5	踢脚板铺设	

5. 明确验收方法

实木地板工程质量标准和检验方法见配套教材表4-90。

实木地板工程检验记录

序号	分项	质量标准
1	主控项	
2	一般项目	

项目	允许偏差（mm）		
	实木地板面层		
	松木地板	硬木地板	拼花地板
板面缝隙宽度			
表面平整度			
踢脚板报上口平直			
板面拼缝平直			
相邻板材高差			
踢脚板与面层的接缝			

6. 整理各项资料

以下各项工程资料需要装入专用资料袋

序号	资料目录	份数	验收情况
1	设计图纸		
2	现场原始实际尺寸		
3	工艺流程和施工工艺		
4	工程竣工图		
5	验收标准		
6	验收记录		
7	考核评分		

7. 总结汇报

实训团队成员个人总结

建议从下列方面进行总结：

7.1 实训情况概述（任务、要求、团队组成等）

7.2 实训任务完成情况

7.3 实训的主要收获

7.4 存在的主要问题

7.5 团队合作情况（个人在团队中的作用、团队的整体表现、团队的竞争力如何等）

7.6 对实训安排有什么建议

8. 实训考核成绩评定

实木地板装配实训考核内容、方法及成绩评定标准

系列	考核内容	考核方法	要求达到的水平	指标	小组评分	教师评分
对基本知识的理解	对实木地板的理论掌握	编写施工工艺	能正确编制施工工艺	30		
		理解质量标准和验收方法	正确理解质量标准和验收方法	10		
实际工作能力	在校内实训室场所，进行实际动手操作，完成装配任务	检测各项能力	技术交底的能力	8		
			材料验收的能力	8		
			放样弹线的能力	4		
			地板龙骨装配调平和地板安装的能力	12		
			质量检验的能力	8		
职业关键能力	团队精神组织能力	个人和团队评分相结合	计划的周密性	5		
			人员调配的合理性	5		
验收能力	根据实训结果评估	实训结果和资料核对	验收资料完备	10		
任务完成的整体水平				100		

实训课题：2. 楼地面材料调研（实木地板）

参观当地大型的装饰材料市场，全面了解各类楼地面装饰材料。

重点了解 10 款市场受消费者欢迎的实木地板的品牌、品种、规格、特点、价格

任务编号		时间安排	理论准备	2 学时
实训任务	楼地面材料调研（实木地板）		实践	4 学时
学习领域	楼地面工程		材料整理	4 学时
任务名称	制作地板品牌看板		合计	10 学时
任务要求	调查本地材料市场地板材料，重点了解 10 款市场受消费者欢迎的实木地板的品牌、品种、规格、特点、价格			
行动描述	1. 参观当地大型的装饰材料市场，全面了解各类楼地面装饰材料 2. 重点了解 10 款市场受消费者欢迎的实木地板的品牌、品种、规格、特点、价格 3. 将收集的素材整理成内容简明、可以向客户介绍的材料看板			
工作岗位	本工作属于工程部、设计部、材料部，岗位为施工员、设计员、材料员			
工作过程	到建筑装饰材料市场进行实地考察，了解实木地板的市场行情，特别是素板和漆板两大地板材料。做到能够熟悉本地知名地板品牌、识别地板品种，为装修设计选材和施工管理的材料选购质量鉴别打下基础。 1. 选择材料市场 2. 与店方沟通，请技术人员讲解地板品种和特点 3. 收集地板宣传资料 4. 实际丈量不同的地板规格、做好数据记录 5. 整理素材 6. 编写 10 款市场受消费者欢迎的实木地板的品牌、品种、规格、特点、价格的看板			
工作对象	建筑装饰市场材料商店的地板材料			
工作工具	记录本、合页纸、笔、相机、卷尺等			

工作方法	1. 先熟悉材料商店整体环境 2. 征得店方同意 3. 详细了解实木地板的品牌和种类 4. 确定一种品牌进行深入了解 5. 拍摄选定地板品种的数码照片 6. 收集相应的资料 注意：尽量选择材料商店比较空闲的时间，不能干扰材料商店的工作
工作团队	1. 事先准备。做好礼仪、形象、交流、资料、工具等准备工作 2. 选择调查地点。 3. 分组。4~6人为一组，选一名组长，每人选择一个品牌的地板进行市场调研。然后小组讨论，确定一款地板品牌进行材料看板的制作
工作要求	工作对象确定，原始平面图和测量数据要求详细、准确。原始空间分析意见。 教学重点：1. 选择品牌；2. 了解该品牌地板的特点 教学难点：1. 与商店领导和店员的沟通；2. 材料数据的完整、详细、准确；3. 资料的整理和归纳；4. 看板版式的设计
阀　值	是建筑装饰设计和施工的提供市场材料信息，为后续工作服务

_____市（区、县）地板市场调查报告

调查团队成员	
调查地点	
调查时间	
调查过程简述	
调查品牌	
品牌介绍	

品种1		
品种名称		
地板规格		
地板特点		地板照片
价格范围		

品种2		
品种名称		
地板规格		
地板特点		地板照片
价格范围		

品种 3	
品种名称	
地板规格	地板照片
地板特点	
价格范围	

品种 4	
品种名称	
地板规格	地板照片
地板特点	
价格范围	

品种 5	
品种名称	
地板规格	地板照片
地板特点	
价格范围	

品种 6	
品种名称	
地板规格	地板照片
地板特点	
价格范围	

品种 7	
品种名称	
地板规格	地板照片
地板特点	
价格范围	

品种 8	

品种名称		地板照片
地板规格		
地板特点		
价格范围		

品种 9		
品种名称		地板照片
地板规格		
地板特点		
价格范围		

品种 10		
品种名称		地板照片
地板规格		
地板特点		
价格范围		

实训考核内容、方法及成绩评定标准

系列	考核内容	考核方法	要求达到的水平	指标	小组评分	教师评分
对基本知识的理解	对地板材料的理论检索和市场信息捕捉能力	资料编写的正确程度	预先了解地板的材料属性	30		
		市场信息了解的全面程度	预先了解本地的市场信息	10		
实际工作能力	在校内外实训室场所,实际动手操作,完成调研的过程	各种素材展示	选择比较市场材料的能力	8		
			拍摄清晰材料照片的能力	8		
			综合分析材料属性的能力	8		
			书写分析调研报告的能力	8		
			设计编排调研报告的能力	8		
职业关键能力	团队精神组织能力	个人和团队评分相结合	计划的周密性	5		
			人员调配的合理性	5		
书面沟通能力	调研结果评估	看板集中展示	实木地板资讯完整美观	10		
任务完成的整体水平				100		

教学指南-1　延伸阅读文献

[1] 本手册编委会．建筑标准·规范·资料速查手册-室内装饰装修工程 [M]．北京：中国计划出版社，2006.

[2] 新型建筑材料专业委员会．新型建筑材料使用手册 [M]．北京：中国建筑工业出版社，1992.

[3] 高祥生．装饰构造图集 [M]．北京：中国建筑工业出版社，1992.

[4] 中华人民共和国建设部．建筑装饰装修工程质量验收规范 [S] GB 50210—2001．北京：中国建筑工业出版社，2002.

教学指南-2　教学内容和教学要求

请按下表的教学要求，学习本章的相关教学内容，掌握相关知识点。

《学习领域5吊顶工程》教学内容和教学要求表（考试大纲）

教学内容		主要知识点	主要能力点	教学要求
5.1 吊顶工程概述				
5.1.1 吊顶工程分类		1. 按外观形式分类；2. 按构造做法分类；3. 按龙骨材料分；4. 按龙骨可见与否分；5. 按吊顶的饰面材料分；6. 按吊顶的施工方法分；7. 按吊顶承重等级分	吊顶工程相关概念把握能力	熟悉
5.1.2 吊顶的基本功能		1. 遮蔽设备工程；2. 改善环境质量；3. 增强空间效果；4. 调整空间尺度		
5.1.3 吊顶常用料		1. 龙骨材料；2. 吊点材料；3. 吊杆材料；4. 饰面板材料；5. 辅助材料；6. 饰面材料		
5.2 直接式顶棚构造、材料、施工、检验				
5.2.1 抹灰类顶棚的材料、构造与施工				了解
5.2.2 裱糊类顶棚的构造与施工				
5.2.3 涂刷类顶棚的构造与施工				
5.2.4 结构式顶棚的构造与施工			相关吊顶构造设计初步能力、材料辨识能力、施工工艺编制能力、工程质量控制与验收能力	
5.3 悬吊式吊顶构造、材料、施工、检验				重点掌握
5.3.1 悬吊式吊顶构析		1. 吊点构造；2. 吊杆构造；3. 龙骨构造；4. 面层构造；5. 收口构造；6. 吊顶与灯具之间的构造；7. 吊顶与上人孔之间的构造		
5.4 各类悬吊式龙骨吊顶材料、构造、施工、检验				
5.4.1 悬吊式龙骨吊顶的材料		1. 木龙骨吊顶材料；2. 轻钢龙骨吊顶材料；3. 铝合金龙骨吊顶材料		熟悉
5.4.2 悬吊式龙骨吊顶的构造		1. 木龙骨吊顶构造；2. 轻钢龙骨吊顶构造；3. 铝合金龙骨吊顶构造		

教学内容	主要知识点	主要能力点	教学要求
5.4.3 悬吊式龙骨吊顶施工工艺	1. 木龙骨吊顶施工工艺；2. 轻钢龙骨施工工艺；3. 铝合金龙骨施工工艺	相关吊顶构造设计初步能力、材料辨识能力、施工工艺编制能力、工程质量控制与验收能力	熟悉
5.4.4 悬吊式龙骨吊顶的质量标准和检验方法质	1. 说明；2. 悬吊式龙骨工程质量验收一般规定；3. 暗木龙骨吊顶工程质量标准；4. 明木龙骨吊顶工程质量标准		

教学指南

教学指南 -3　自我检查

1. 简述吊顶按外观形式的分类和特点。

答：1. ＿＿＿＿＿＿＿＿特点：＿＿＿＿＿＿＿＿＿＿＿＿＿

　　2. ＿＿＿＿＿＿＿＿特点：＿＿＿＿＿＿＿＿＿＿＿＿＿

　　3. ＿＿＿＿＿＿＿＿特点：＿＿＿＿＿＿＿＿＿＿＿＿＿

　　4. ＿＿＿＿＿＿＿＿特点：＿＿＿＿＿＿＿＿＿＿＿＿＿

　　5. ＿＿＿＿＿＿＿＿特点：＿＿＿＿＿＿＿＿＿＿＿＿＿

　　6. ＿＿＿＿＿＿＿＿特点：＿＿＿＿＿＿＿＿＿＿＿＿＿

　　7. ＿＿＿＿＿＿＿＿特点：＿＿＿＿＿＿＿＿＿＿＿＿＿

　　8. ＿＿＿＿＿＿＿＿特点：＿＿＿＿＿＿＿＿＿＿＿＿＿

2. 简述吊顶按构造做法的分类和特点。

答：1. ＿＿＿＿＿＿＿＿特点：＿＿＿＿＿＿＿＿＿＿＿＿＿

　　2. ＿＿＿＿＿＿＿＿特点：＿＿＿＿＿＿＿＿＿＿＿＿＿

　　3. ＿＿＿＿＿＿＿＿特点：＿＿＿＿＿＿＿＿＿＿＿＿＿

　　4. ＿＿＿＿＿＿＿＿特点：＿＿＿＿＿＿＿＿＿＿＿＿＿

3. 简述吊顶的基本功能。

答：功能 1.

　　　　功能 2.

功能 3.

功能 4.

悬吊式轻钢龙骨吊顶的材料有哪些?

4. 简述吊顶的常用基本材料。

答:

序号	材料	常用材料
1	龙骨材料	
2	吊点材料	
3	吊杆材料	
4	饰面板材料	
5	辅助材料	
6	饰面材料	

5. 什么是吊点? 请用草图画出预埋吊点的构造。

答: 吊点是:

预埋吊点的构造草图:

6. 什么是吊杆? 请用草图画出两款吊点与吊杆的连接构造。

答: 吊杆是:

吊点与吊杆的构造草图之一：

吊点与吊杆的构造草图之二：

7. 请用草图画出两款吊顶与墙体收口部位的构造。
答：吊顶与墙体收口部位的构造草图1：

吊顶与墙体收口部位的构造草图2：

8. 当灯具质量超过 8kg 时，灯具如何固定在吊顶上？请用草图表示。
答：

9. 简述木龙骨吊顶主龙骨次龙骨以及吊杆的断面尺寸和含水率要求。

答：主龙骨的断面尺寸是：

次龙骨的断面尺寸是：

吊杆的断面尺寸是：

木龙骨的含水率要求是：

10. 木龙骨吊顶的放线如何进行？

答：如何放标高线：

如何放造型位置线：

如何放吊点布置线和大中型灯位线：

11. 如何安装轻钢龙骨吊顶的骨架。

答：如何安装主龙骨：

如何安装次龙骨：

如何安装其他龙骨：

12. 用草图画出铝合金龙骨吊顶的面板的几种安装方式。
答：明装：

暗装：

半隐：

13. 简述悬吊式吊顶施工的注意要点。
答：要点 1：＿＿＿＿＿＿＿＿＿＿＿＿＿＿＿＿＿＿＿＿＿＿＿
要点 2：＿＿＿＿＿＿＿＿＿＿＿＿＿＿＿＿＿＿＿＿＿＿＿
要点 3：＿＿＿＿＿＿＿＿＿＿＿＿＿＿＿＿＿＿＿＿＿＿＿
要点 4：＿＿＿＿＿＿＿＿＿＿＿＿＿＿＿＿＿＿＿＿＿＿＿
要点 5：＿＿＿＿＿＿＿＿＿＿＿＿＿＿＿＿＿＿＿＿＿＿＿
要点 6：＿＿＿＿＿＿＿＿＿＿＿＿＿＿＿＿＿＿＿＿＿＿＿
14. 暗龙骨吊顶工程质量验收的主控项目有几条？它们的验收方法分别有
哪些？

答：

15. 请填写暗木龙骨吊顶工程安装的允许偏差和检验方法。
答：暗木龙骨吊顶工程安装的允许偏差和检验方法

项次	项　目	允许偏差（mm）				检验方法
		纸面石膏板	金属板	矿棉板	木板、塑料板、玻璃板	
1	表面平整度					
2	接缝直线度					
3	接缝高低差					

教学指南-4　实训课题

吊顶工程设计及操作能力实训

4.1　实训目的
通过下列实训，充分理解吊顶工程的材料、构造、施工工艺和验收方法。

使自己在今后的设计和施工实践中能够更好地把握吊顶工程的材料、构造、施工、验收的主要技术关键。

4.2　实训要求

4.2.1　通过设计能力实训理解吊顶工程的材料、构造。

4.2.2　通过操作能力实训对铝合金明装吊顶工程的施工及验收有感性认识。特别是通过实训项目，对吊顶工程的技术准备、材料要求、施工流程和工艺、质量标准和检验方法进行实践验证，并能举一反三。

4.3　实训类型

4.3.1　设计能力实训

1. 为某企业的大办公室设计悬吊式吊顶的构造，并画出吊顶与墙面的交接构造。

2. 请编写某家庭客厅木龙骨吊顶的施工工艺。

3. 将下列照片的吊顶按木龙骨吊顶绘制顶平面图和节点构造大样。

4.3.2　操作能力实训

课题：在校内实训室进行铝合金明装吊顶的装配训练

任务编号		时间安排	理论准备	2 学时
实训任务	铝合金明装吊顶的装配训练		实践	4 学时
学习领域	吊顶工程		材料整理	4 学时
任务名称	铝合金明装吊顶的装配		合计	10 学时
任务要求	按铝合金明装吊顶的施工工艺装配 $6\sim8m^2$ 的铝合金明装吊顶			
行动描述	教师根据授课要求提出实训要求。学生实训团队根据设计方案和实训施工现场，按铝合金明装吊顶的施工工艺装配 $6\sim8m^2$ 的铝合金明装吊顶，并按铝合金明装吊顶的工程验收标准和验收方法对实训工程进行验收，各项资料按行业要求进行整理。完成以后，学生进行自评，教师进行点评			

工作岗位	本工作属于工程部施工员
工作过程	详见附件：铝合金明装吊顶实训流程
工作要求	按国家验收标准，装配铝合金明装吊顶，并按行业惯例准备各项验收资料
工作工具	记录本、合页纸、笔、相机、卷尺等
工作团队	1. 分组。4~6人为一组，选1名项目组长，确定1名见习设计员、1名见习材料员、1名见习施工员、1名见习资料员、1名见习质检员 2. 各位成员分头进行各项准备。做好资料、材料、设计方案、施工工具等准备工作
工作方法	1. 项目组长制订计划，制订工作流程，为各位成员分配任务 2. 见习设计员准备图纸，向其他成员进行方案说明和技术交底 3. 见习材料员准备材料，并主导材料验收任务 4. 见习施工员带领其他成员进行放线，放线完成以后进行核查 5. 按施工工艺进行龙骨装配、龙骨调平、面板安装、清理现场准备验收 6. 由见习质检员主导进行质量检验 7. 见习资料员记录各项数据，整理各种资料 8. 项目组长主导进行实训评估和总结 9. 指导教师核查实训情况，并进行点评
阀　值	通过实践操作进一步掌握铝合金明装吊顶的施工工艺和验收方法，为今后走上工作岗位做好知识和能力准备

附件：铝合金明装吊顶实训流程

1. 进行技术准备

1）深化设计。根据实训现场设计图纸、确定吊顶高度，进行龙骨编排等深化设计，绘制大样图。

2）测量。根据现场施工条件进行必要的测量工作，对房间的净高、各种洞口标高和吊顶内的管道、设备的标高进行校核。发现问题及时提出，并洽商解决办法。

3）报批。编制施工方案，经项目组充分讨论，并经指导教师审批。

4）技术交底。熟悉施工图纸及设计说明，对操作人员进行安全技术交底。

2. 机具准备

见配套教材表5-8。

龙骨吊顶施工机具设备表

序	分类	名　称
1	机具	
2	工具	
3	计量检测用具	
4	安全防护用品	

3. 作业条件

1）测量交接。施工前应按设计要求对房间的层高、门窗洞口标高和吊顶内的管道、设备及其支架的标高进行测量检查，并办理交接检查记录。

2）履行材料进场手续。各种材料配套齐全已进场，并已进行了检验或复试。

3）前道工序合格。室内墙面施工作业已基本完成，只剩最后一道涂料。地面湿作业已完成，并经检验合格。吊顶内的管道和设备安装已调试完成，并经检验合格，办理完交接手续。

4）四周墙壁完整。吊顶内四周墙面的各种孔洞已封堵处理完毕，抹灰已干燥。

5）脚手架合格。施工所需的脚手架已搭设好，并经检验合格。

6）施工现场所需条件具备。临时用水、用电、各种工机具准备就绪。

4. 编写施工工艺

铝合金龙骨施工流程和工艺表

序号	施工流程	施工要求
1	放线定位	
2	固定悬吊体系	
3	安装调平龙骨	
4	安装饰面板	

5. 明确验收方法

明龙骨吊顶工程质量标准和检验方法

序号	分项	质量标准
1	主控项目	1）吊顶标高、尺寸、起拱和造型应符合设计要求 检验方法：观察；尺量检查 2）饰面材料的材质、品种、规格、图案和颜色应符合设计要求。当饰面材料为玻璃板时，应使用安全玻璃或采取可靠的安全措施 检验方法：观察；检查产品合格证书、性能检测报告和进场验收记录。 3）饰面材料的安装应稳固严密。饰面材料与龙骨的搭接宽度应大于龙骨受力面宽度的2/3 检验方法：观察；手扳检查；尺量检查 4）吊杆、龙骨的材质、规格、安装间距及连接方式应符合设计要求。金属吊杆应进行表面防腐处理；木龙骨应进行防腐、防火处理 检验方法：观察；尺量检查；检查产品合格证书、进场验收记录和隐蔽工程验收记录 5）明龙骨吊顶工程的吊杆和龙骨安装必须牢固 检验方法：手扳检查；检查隐蔽工程验收记录和施工记录

一般项目部分：

1）饰面材料表面应洁净、色泽一致，不得有翘曲、裂缝及缺损。饰面板与明龙骨的搭接应平整、吻合，压条应平直、宽窄一致
检验方法：观察；尺量检查
2）饰面板上的灯具、烟感器、喷淋头、风口算子等设备的位置应合理、美观，与饰面板的交接应吻合、严密
检验方法：观察
3）金属龙骨的接缝应平整、吻合、颜色一致，不得有划伤、擦伤等表面缺陷。木质龙骨应平整、顺直，无劈裂
检验方法：观察
4）吊顶内填充吸声材料的品种和铺设厚度应符合设计要求，并应有防散落措施
检验方法：检查隐蔽工程验收记录和施工记录。
5）明龙骨吊顶工程安装的允许偏差和检验方法应符合下表的规定

明木龙骨吊顶工程安装的允许偏差和检验方法

项次	项目	允许偏差（mm）				检验方法
		石膏板	金属板	矿棉板	塑料板、玻璃板	
1	表面平整度	3	2	3	2	用2m靠尺和塞尺检查
2	接缝直线度	3	2	3	3	拉5m线,不足5m拉通线,用钢直尺检查
3	接缝高低差	1	1	2	1	用钢直尺和塞尺检查

6. 整理各项资料

以下各项工程资料需要装入专用资料袋。

铝合金龙骨施工流程和工艺表

序号	资料目录	份数	验收情况
1	设计图纸		
2	现场原始实际尺寸		
3	工艺流程和施工工艺		
4	工程竣工图		
5	验收标准		
6	验收记录		
7	考核评分		

7. 总结汇报

实训团队成员个人总结

建议从下列方面进行总结：

7.1 实训情况概述（任务、要求、团队组成等）

7.2 实训任务完成情况

7.3 实训的主要收获

7.4 存在的主要问题

7.5 团队合作情况（个人在团队中的作用、团队的整体表现、团队的竞争力如何等）

7.6 对实训安排有什么建议

8. 实训考核成绩评定

实训考核内容、方法及成绩评定标准

系列	考核内容	考核方法	要求达到的水平	指标	小组评分	教师评分
对基本知识的理解	对铝合金明装龙骨吊顶的理论掌握	编写施工工艺	能正确编制施工工艺	30		
		理解质量标准和验收方法	正确理解质量标准和验收方法	10		
实际工作能力	在校内实训室场所，进行实际动手操作，完成装配任务	检测各项能力	技术交底的能力	8		
			材料验收的能力	8		
			放样弹线的能力	8		
			龙骨装配调平和面板安装的能力	8		
			质量检验的能力	8		
职业关键能力	团队精神组织能力	个人和团队评分相结合	计划的周密性	5		
			人员调配的合理性	5		
验收能力	根据实训结果评估	实训结果和资料核对	验收资料完备	10		
任务完成的整体水平				100		

建筑装饰装修材料·构造·施工
——课程学习指南及实训课题集

教学指南 -1　延伸阅读文献

　　[1] 本手册编委会. 建筑标准·规范·资料速查手册 - 室内装饰装修工程 [M]. 北京：中国计划出版社，2006.

　　[2] 赵肖丹. 门窗构造与安装技术 [M]. 北京：机械工业出版社，2006.

　　[3] 新型建筑材料专业委员会. 新型建筑材料使用手册 [M]. 北京：中国建筑工业出版社，1992.

　　[4] 高祥生. 现代建筑门窗精选 [M]. 南京：江苏科学技术出版社，2002.

　　[5] 中华人民共和国建设部. 建筑装饰装修工程质量验收规范 GB 50210—2001 [S]. 北京：中国建筑工业出版社，2002.

教学指南 -2　教学内容和教学要求

　　请按下表的教学要求，学习本章的相关教学内容，掌握相关知识点。

《学习领域 6 门窗工程》教学内容和教学要求表（考试大纲）

教学内容		主要知识点	主要能力点	教学要求
6.1　门窗工程概述				
6.1.1	门窗分类	1. 按开启方式分；2. 按门窗材料分；3. 按门窗功能用途分；4. 按门窗构造分；5. 按门窗位置分；6. 按门窗施工方法分；7. 按门窗扇数量分；8. 按门窗风格分	门窗工程相关概念把握能力	了解
6.1.2	门窗的基本功能	1. 门窗的共性功能；2. 门窗的特殊功能		
6.1.3	门窗构造的设计要求	1. 门的数量和大小；2. 窗的数量和大小		
6.1.4	门窗的代号	1. 门窗的代号；2. 门窗代号组合规则；3. 门窗用料代号		
6.1.5	门窗图示方法			
6.1.6	门窗专业术语			
6.2　木门窗构造、材料、施工、检验				
6.2.1	木门窗构造解析	1. 木门的构造；2. 木窗的构造	木门窗构造设计初步能力、材料辨识能力、施工工艺编制能力、工程质量控制与验收能力	重点掌握
6.2.2	木门窗材料检索	1. 材料检索；2. 材料要求		
6.2.3	木门窗施工工艺	1. 技术准备；2. 机具准备；3. 作业条件；4. 施工流程和工艺；5. 施工注意要点；6. 成品保护		
6.2.4	木门窗质量检验	1. 说明；2. 木门窗工程质量标准		

教学内容	主要知识点	主要能力点	教学要求
6.3 铝合金门窗构造、材料、施工、检验			
6.3.1 铝合金门窗构造解析	1. 铝合金门基本构造、2. 铝合金窗基本构造	铝合金门窗构造设计初步能力、材料辨识能力、施工工艺编制能力、工程质量控制与验收能力	掌握
6.3.2 铝合金门窗材料检索	1. 材料检索、2. 材料要求		
6.3.3 铝合金门窗施工工艺	1. 技术准备、2. 机具准备、3. 作业条件、4. 施工流程和工艺、5. 施工注意要点、6. 成品保护		
6.3.4 铝合金门窗质量检验	1. 说明、2. 质量标准		
6.4 自动全玻门构造、材料、施工、检验			
6.4.1 自动全玻门构造解析		自动全玻门构造设计初步能力、材料辨识能力、施工工艺编制能力、工程质量控制与验收能力	掌握
6.4.2 自动全玻门材料检索	1. 材料检索、2. 材料要求		
6.4.3 自动全玻门施工工艺	1. 技术准备、2. 机具准备、3. 作业条件、4. 施工流程和工艺、5. 施工注意要点、6. 成品保护		
6.4.4 自动全玻门质量检验	1. 说明、2. 质量标准		

教学指南

教学指南-3　自我检查

1. 简述门窗的分类方式，详述按开启方式分类的主要门窗类型。

答：分类1：

　　分类2：

　　分类3：

　　分类4：

　　分类5：

　　分类6：

　　分类7：

　　分类8：

开启方式分类的主要门窗类型

门型/代号	说明	窗型/代号	说明
……	……		

2. 如何确定门窗的数量、高度和宽度以及它们的大小？

答：门的数量：＿＿＿＿＿＿＿＿＿＿＿＿＿＿＿＿＿＿＿＿＿＿＿＿

　　窗的数量：＿＿＿＿＿＿＿＿＿＿＿＿＿＿＿＿＿＿＿＿＿＿＿＿

　　门的高度：＿＿＿＿＿＿＿＿＿＿＿＿＿＿＿＿＿＿＿＿＿＿＿＿

　　窗的高度：＿＿＿＿＿＿＿＿＿＿＿＿＿＿＿＿＿＿＿＿＿＿＿＿

　　门的大小：＿＿＿＿＿＿＿＿＿＿＿＿＿＿＿＿＿＿＿＿＿＿＿＿

　　窗的大小：＿＿＿＿＿＿＿＿＿＿＿＿＿＿＿＿＿＿＿＿＿＿＿＿

3. 请用钢笔草图画出门窗的示意方式。

4. 什么是铲口？什么是灰口？并用图示表面。

答：铲口是：＿＿＿＿＿＿＿＿＿＿＿＿＿＿＿＿＿＿＿＿＿＿＿

＿＿＿＿＿＿＿＿＿＿＿＿＿＿＿＿＿＿＿＿＿＿＿＿＿＿＿＿＿＿

＿＿＿＿＿＿＿＿＿＿＿＿＿＿＿＿＿＿＿＿＿＿＿＿＿＿＿＿＿＿

＿＿＿＿＿＿＿＿＿＿＿＿＿＿＿＿＿＿＿＿＿＿＿＿＿＿＿＿＿＿

＿＿＿＿＿＿＿＿＿＿＿＿＿＿＿＿＿＿＿＿＿＿＿＿＿＿＿＿＿＿

灰口是：＿＿＿＿＿＿＿＿＿＿＿＿＿＿＿＿＿＿＿＿＿＿＿＿＿＿

＿＿＿＿＿＿＿＿＿＿＿＿＿＿＿＿＿＿＿＿＿＿＿＿＿＿＿＿＿＿

＿＿＿＿＿＿＿＿＿＿＿＿＿＿＿＿＿＿＿＿＿＿＿＿＿＿＿＿＿＿

＿＿＿＿＿＿＿＿＿＿＿＿＿＿＿＿＿＿＿＿＿＿＿＿＿＿＿＿＿＿

＿＿＿＿＿＿＿＿＿＿＿＿＿＿＿＿＿＿＿＿＿＿＿＿＿＿＿＿＿＿

5. 临摹教材中 6 – 12 这款实木门的典型构造。

6. 详述木门窗施工流程和施工工艺。

木门窗施工流程和施工工艺

序号	施工流程	施工要求
1	放样	
2	配料、截料	
3	刨料	
4	划线	
5	打眼	

序号	施工流程	施工要求
6	开榫（又称倒卯）、拉肩	
7	裁口与倒棱	
8	拼装	

序号	施工流程	施工要求
9	门窗框的后安装	
10	门窗扇的安装	

序号	施工流程	施工要求
11	门窗小五金的安装	

7. 简述木门窗的成品保护要点。

答：要点 1：_____

_____

要点 2：_____

_____

_____

要点 3：_____

_____

要点 4：_____

_____

_____

要点 5：_____

要点 6：_____

8. 铝合金门窗的材料有哪些要求？

铝合金门窗材料要求表

序	材料	要求
1	金属门窗	
2	金属门窗的副框、五金配件及纱窗	
3	嵌缝剂、密封条、密封膏、防锈漆	
4	水泥	
5	砂	

9. 简述铝合金门窗的施工流程。

答：

▶1. _____ ▶2. _____ ▶3. _____

▶4. _____ ▶5. _____ ▶6. _____

▶7. _____ ▶8. _____

10. 简述铝合金门窗的主控项目和检验方法。

答：

11. 简述全玻门的技术准备和作业条件。

答：全玻门的技术准备：

1) _____

2) _____

3) _____

全玻门的作业条件：

1) _____

2) _____

3) _____

4) _____

5) _____

12. 自动玻璃门的质量标准和验收方法。

答：_____

_____

自动门安装的留缝限值、允许偏差和检验方法表

项次	项 目		留缝限值（mm）	允许偏差（mm）		检验方法
				国标、行标	企标	
1	门槽口宽度、高度	≤1500				
		>1500				
2	门槽口对角线长度差	≤1500				
		>1500				
3	门框的正、侧面垂直度					
4	门构件装配间隙					
5	门梁导轨水平度					
6	下导轨与门梁导轨平行度					
7	门扇与侧框间留缝					
8	门扇对口缝					

自动门的感应时间限值和检验方法见表6-32。

自动门的感应时间限值和检验方法表

项次	项 目	感应时间限值（s）	检验方法
1	开门响应时间		
2	堵门保护延时		
3	门扇全开启后保持时间		

教学指南–4 实训课题

门窗工程设计及操作能力实训

4.1 实训目的

通过下列实训，充分理解玻璃工程的材料、构造、施工工艺和验收方法。使自己在今后的设计和施工实践中能够更好的把握玻璃工程的材料、构造、施工、验收的主要技术关键。

4.2 实训要求

4.2.1 通过设计能力实训理解玻璃工程的材料、构造。

4.2.2 通过操作能力实训对铝合金窗工程的施工及验收有感性认识。特别是通过实训项目，对玻璃工程的技术准备、材料要求、施工流程和工艺、质量标准和检验方法进行实践验证，并能举一反三。

4.3 实训类型

4.3.1 设计能力实训

1. 为某公司的大办公室设计木门窗的构造，并画出门窗与墙面的交接构造。

2. 请编写某专卖店设计自动玻璃门的施工工艺。

3. 将下列照片的门窗按木门窗绘制立面图和节点构造大样。

4.3.2 操作能力实训

课题：在校内实训室进行铝合金窗的装配训练

任务编号		时间安排	理论准备	2 学时
实训任务	铝合金窗的装配训练		实践	4 学时
学习领域	门窗工程		材料整理	4 学时
任务名称	铝合金窗的装配		合计	10 学时
任务要求	按铝合金窗的施工工艺装配 1 组铝合金窗			
行动描述	教师根据授课要求提出实训要求。学生实训团队根据设计方案和实训施工现场，按铝合金窗的施工工艺装配一组铝合金窗，并按铝合金窗的工程验收标准和验收方法对实训工程进行验收，各项资料按行业要求进行整理。完成以后，学生进行自评，教师进行点评			
工作岗位	本工作属于工程部施工员			
工作过程	详见附件：铝合金窗实训流程			
工作要求	按国家验收标准，装配铝合金窗，并按行业惯例准备各项验收资料			
工作工具	铝合金窗工程施工工具及记录本、合页纸、笔等实训记录工具			
工作团队	1. 分组。4～6 人为一组，选 1 名项目组长，确定 1 名见习设计员、1 名见习材料员、1 名见习施工员、1 名见习资料员、1 名见习质检员 2. 各位成员分头进行各项准备。做好资料、材料、设计方案、施工工具等准备工作			
工作方法	1. 项目组长制订计划，制订工作流程，为各位成员分配任务 2. 见习设计员准备图纸，向其他成员进行方案说明和技术交底 3. 见习材料员准备材料，并主导材料验收任务 4. 见习施工员带领其他成员进行划线定位，完成以后进行核查 5. 按铝合金门窗的施工工艺进行安装、清理现场准备验收 6. 由见习质检员主导进行质量检验 7. 见习资料员记录各项数据，整理各种资料 8. 项目组长主导进行实训评估和总结 9. 指导教师核查实训情况，并进行点评			
阀 值	通过实践操作，掌握铝合金窗施工工艺和验收方法，为今后走上工作岗位做好知识和能力准备			

附件：铝合金窗实训流程

一、实训团队组成

团队成员	姓名	主要任务
项目组长		
见习设计员		
见习材料员		
见习施工员		
见习资料员		
见习质检员		
其他成员		

二、实训计划

工作任务	完成时间	工作要求

三、实训方案

1. 进行技术准备

2. 画出施工图

3. 机具准备

施工机具设备表

序	分类	名　　称
1	机具	
2	工具	
3	计量检测用具	
4	安全防护用品	

4. 作业条件

5. 编写施工工艺

铝合金门窗施工流程和工艺

序号	施工流程	施工要求
1	划线定位	
2	铝合金窗披水安装	
3	防腐处理	
4	铝合金门窗的安装就位	

序号	施工流程	施工要求
5	铝合金门窗的固定	
6	门窗框与墙体间缝隙间的处理	
7	门窗扇及门窗玻璃的安装	
8	安装五金配件	

6. 进行工程验收

铝合金窗工程的质量验收标准见教材中表7-9。

铝合金窗工程质量检验记录

序号	分项	质量标准
1	主控项目	
2	一般项目	

隔断安装的允许偏差和检验方法

| 项　　目 | 允许偏差（mm） | | 检验方法 |
	国标、行标	企标	
外形尺寸			
立面垂直度			
门与框架的平行度			

7. 整理各项资料

以下各项工程资料需要装入专用资料袋。

序号	资料目录	份数	验收情况
1	设计图纸		
2	现场原始实际尺寸		
3	工艺流程和施工工艺		
4	工程竣工图		
5	验收标准		
6	验收记录		
7	考核评分		

8. 总结汇报

实训团队成员个人总结

建议从下列方面进行总结：

8.1 实训情况概述（任务、要求、团队组成等）

8.2 实训任务完成情况

8.3 实训的主要收获

8.4 存在的主要问题

8.5 团队合作情况（个人在团队中的作用、团队的整体表现、团队的竞争力如何等）

8.6 对实训安排有什么建议

9. 实训考核成绩评定

铝合金窗安装实训考核内容、方法及成绩评定标准

系列	考核内容	考核方法	要求达到的水平	指标	小组评分	教师评分
对基本知识的理解	对铝合金窗的理论掌握	编写施工工艺	能正确编制施工工艺	30		
		理解质量标准和验收方法	正确理解质量标准和验收方法	10		
实际工作能力	在校内实训室场所，进行实际动手操作，完成装配任务	检测各项能力	技术交底的能力	8		
			材料验收的能力	8		
			放线定位的能力	8		
			铝合金窗框架安装的能力	8		
			质量检验的能力	8		
职业关键能力	团队精神、组织能力	个人和团队评分相结合	计划的周密性	5		
			人员调配的合理性	5		
验收能力	根据实训结果评估	实训结果和资料核对	验收资料完备	10		
任务完成的整体水平				100		

教学指南-1　延伸阅读文献

[1] 武佩牛. 精细木工 [M]. 北京：中国城市出版社，2003.

[2] 姜学拯. 木工（中高级工）[M]. 北京：中国建筑工业出版社，1998.

[3] 王寿华，王比君. 木工手册. 第3版 [M]. 北京：中国建筑工业出版社，2005.

[4] 郭斌. 木工 [M]. 北京：机械工业出版社，2005.

[5] 高祥生. 装饰构造图集 [M]. 北京：中国建筑工业出版社，1992.

[6] 中华人民共和国建设部. 建筑装饰装修工程质量验收规范 [S]. GB 50210—2001. 北京：中国建筑工业出版社，2002.

教学指南-2　教学内容和教学要求

请按下表的教学要求，学习本章的相关教学内容，掌握相关知识点。

《学习领域7 木制品工程》教学内容和教学要求表（考试大纲）

教学内容	主要知识点	主要能力点	教学要求
7.1　木制品工程概述			
7.1.1　木制品工程的分类		木制品工程相关概念的把握能力	了解
7.1.2　木制品工程的功能	1. 分隔空间；2. 美化环境；3. 行动辅助		
7.1.3　木制品工程的材料			
7.1.4　木制品的连接构造	1. 木制品构件的连接对象；2. 木制品工程构件的连接方式；3. 木制品构件的连接介质		了解
7.1.5　木制品工程质量检验的引用标准	1. 家具通用技术与基础标准；2. 家具产品质量标准；3. 家具产品试验方法标准；4. 家具用化学涂层试验方法标准；5. 家具用部分辅助材料及其试验方法标准		
7.2　橱柜的构造、材料、施工、检验			
7.2.1　橱柜的构造解析	1. 固定橱柜的构造；2. 活动橱柜的构造	橱柜构造设计初步能力、材料辨识能力、施工工艺编制能力、工程质量控制与验收能力	重点掌握
7.2.2　橱柜的材料	1. 材料检索；2. 材料要求		
7.2.3　橱柜的施工工艺	1. 技术准备；2. 机具准备；3. 作业条件；4. 施工流程和工艺；5. 施工注意要点；6. 成品保护		
7.2.4　橱柜的质量检验	1. 说明；2. 质量标准		

教学内容	主要知识点	主要能力点	教学要求
7.3　木隔断构造、材料、施工、检验			
7.3.1　木隔断的构造解析	1. 中式木隔断；2. 西式木隔断	木隔断构造设计初步能力、材料辨识能力、施工工艺编制能力、工程质量控制与验收能力	熟悉
7.3.2　木隔断的材料			
7.3.3　木隔断的施工工艺	1. 技术准备；2. 机具准备；3. 作业条件；4. 施工流程和工艺；5. 施工注意要点；6. 成品保护		
7.3.4　木隔断的质量检验	1. 说明；2. 质量标准		
7.4　木门、窗套构造、材料、施工、检验			
7.4.1　木门、窗套的构造解析		木门、窗套构造设计初步能力、材料辨识能力、施工工艺编制能力、工程质量控制与验收能力	熟悉
7.4.2　木门、窗套的材料	1. 材料检索；2. 材料要求		
7.4.3　木门、窗套的施工工艺	1. 技术准备；2. 机具准备；3. 作业条件；4. 施工流程和工艺；5. 施工注意要点；6. 成品保护		
7.4.4　木门、窗套的质量检验	1. 说明；2. 质量标准		
7.5　窗帘盒构造、材料、施工、检验			
7.5.1　窗帘盒的构造解析		窗帘盒构造设计初步能力、材料辨识能力、施工工艺编制能力、工程质量控制与验收能力	了解
7.5.2　窗帘盒的材料	1. 材料检索；2. 材料要求		
7.5.3　窗帘盒的施工工艺	1. 技术准备；2. 机具准备；3. 作业条件；4. 施工流程和工艺；5. 施工注意要点；6. 成品保护		
7.5.4　窗帘盒的质量检验	1. 说明；2. 质量标准		
教学指南			

教学指南 – 3　自我检查

1. 简述木制品的分类及特点。

答：1. _____特点：_____

2. _____特点：_____

3. _____特点：_____

4. _____特点：_____

5. _____特点：_____

6. _____特点：_____

7. _____特点：_____

8. _____特点：_____

9. _____特点：_____

2. 简述木制品的 3 种连接方式。

答：方式 1：_____

方式 2：_____

方式 3：_____

_____

3. 简述木制品质量检验的五类标准。

答：1：_____

2：_____

3：_____

4：_____

5：_____

4. 固定家具构造与活动家具相比的相同点和不同点分别是什么？

答：相同点：

不同点：

5. 简述固定柜台用混凝土与柜体连接的构造方式，并画出构造草图。

答：构造方式：

构造草图：

6. 简述橱柜工程饰面施工的工序。

7. 简述胶合板施工的注意要点

答：要点1：_____

　　　要点2：_____

　　　要点3：_____

　　　要点4：_____

　　　要点5：_____

8. 简述木制品工程的施工注意要点。

答：要点1：_____

　　　要点2：_____

　　　要点3：_____

　　　要点4：_____

　　　要点5：_____

　　　要点6：_____

　　　要点7：_____

9. 简述微薄木装饰板的施工工艺流程。

微薄木装饰板施工流程和工艺

序号	施工流程	施工要求
1		
2		
3		
4		

序号	施工流程	施工要求
5		
6		
7		
8		
9		

序号	施工流程	施工要求
9		
10		
11		

10. 简述橱柜安装的允许偏差和检验方法。

项　目	允许偏差（mm）		检验方法
	国标、行标	企标	
外形尺寸			
立面垂直度			
门与框架的平行度			

11. 简述木隔断的成品保护要点。

答：要点 1：

　　要点 2：

　　要点 3：

要点 4：

12. 简述木木门、窗套工程材料要求。

木门、窗套工程材料要求

序	材料	要求
1	龙骨	
2	底层板	
3	面层板	
4	门、窗套木线	
5	其他材料	

教学指南 –4　实训课题

木制品工程设计及操作能力实训

4.1　实训目的

通过下列实训，充分理解木制品工程的材料、构造、施工工艺和验收方法。使自己在今后的设计和施工实践中能够更好地把握木制品工程的材料、构造、施工、验收的主要技术关键。

4.2　实训要求

4.2.1　通过设计能力实训理解木制品工程的材料、构造。

4.2.2　通过操作能力实训对木隔断工程的施工及验收有感性认识。特别是通过实训项目，对木制品工程的技术准备、材料要求、施工流程和工艺、质量标准和检验方法进行实践验证，并能举一反三。

4.3　实训类型

4.3.1　设计能力实训

1. 到某商场仔细观察一款一固定木家具，并用草图画出它的具体构造。

2. 设计一款旅游公司的木质接待柜，并画出制作大样。

3. 设计一款中式木隔断，并画出制作大样。

4.3.2 操作能力实训

课题：在校内实训室进行木隔断的装配训练

任务编号		时间安排	理论准备	2 学时
实训任务	木隔断的装配训练		实践	4 学时
学习领域	木制品工程		材料整理	4 学时
任务名称	木隔断的装配		合计	10 学时
任务要求	按木隔断的施工工艺装配 1 组木隔断			
行动描述	教师根据授课要求提出实训要求。学生实训团队根据设计方案和实训施工现场，按木隔断的施工工艺装配一组木隔断，并按木隔断的工程验收标准和验收方法对实训工程进行验收，各项资料按行业要求进行整理。完成以后，学生进行自评，教师进行点评			
工作岗位	本工作属于工程部施工员			
工作过程	详见附件：木隔断实训流程			
工作要求	按国家验收标准，装配木隔断，并按行业惯例准备各项验收资料			
工作工具	木隔断工程施工工具及记录本、合页纸、笔等实训记录工具			
工作团队	1. 分组。4～6 人为一组，选 1 项目组长，确定 1 名见习设计员、1 名见习材料员、1 名见习施工员、1 名见习资料员、1 名见习质检员 2. 各位成员分头进行各项准备。做好资料、材料、设计方案、施工工具等准备工作			

工作方法	1. 项目组长制订计划，制订工作流程，为各位成员分配任务 2. 见习设计员准备图纸，向其他成员进行方案说明和技术交底 3. 见习材料员准备材料，并主导材料验收任务 4. 见习施工员带领其他成员进行放线，放线完成以后进行核查 5. 按施工工艺进行框架安装、饰面装饰、花饰和美术工艺小品安装、清理现场准备验收 6. 由见习质检员主导进行质量检验 7. 见习资料员记录各项数据，整理各种资料 8. 项目组长主导进行实训评估和总结 9. 指导教师核查实训情况，并进行点评
阀 值	通过实践操作，掌握木隔断施工工艺和验收方法，为今后走上工作岗位做好知识和能力准备

附件：木隔断实训流程

一、实训团队组成

团队组成	姓名	主要任务
项目组长		
见习设计员		
见习材料员		
见习施工员		
见习资料员		
见习质检员		
其他成员		

二、实训计划

工作任务	完成时间	工作要求

三、实训方案

1. 进行技术准备

2. 机具准备

铝多金龙骨明装饰吊顶施工机具设备表

序	分类	名 称
1	机具	
2	工具	
3	计量检测用具	
4	安全防护用品	

3. 作业条件

4. 编写施工工艺

木隔断施工流程和工艺表

序号	施工流程	施工要求
1	放线定位	
2	框架安装	
3	饰面装饰	
4	花饰或美术作品和工艺品安装	

5. 明确验收方法

木隔断工程的质量验收标准见教材中表7-9。

木隔断工程质量检验记录

序号	分项	质量标准			
1	主控项目				
2	一般项目	隔断安装的允许偏差和检验方法			
		项　目	允许偏差（mm）		检验方法
			国标、行标	企标	
		外形尺寸			
		立面垂直度			
		门与框架的平行度			

6. 整理各项资料

以下各项工程资料需要装入专用资料袋。

序号	资料目录	份数	验收情况
1	设计图纸		
2	现场原始实际尺寸		
3	工艺流程和施工工艺		
4	工程竣工图		
5	验收标准		
6	验收记录		
7	考核评分		

7. 总结汇报

实训团队成员个人总结

建议从下列方面进行总结：

7.1 实训情况概述（任务、要求、团队组成等）

7.2 实训任务完成情况

7.3 实训的主要收获

7.4 存在的主要问题

7.5 团队合作情况（个人在团队中的作用、团队的整体表现、团队的竞争力如何等）

7.6 对实训安排有什么建议

8. 实训考核成绩评定

木隔断安装实训考核内容、方法及成绩评定标准

系列	考核内容	考核方法	要求达到的水平	指标	小组评分	教师评分
对基本知识的理解	对木隔断的理论掌握	编写施工工艺	能正确编制施工工艺	30		
		理解质量标准和验收方法	正确理解质量标准和验收方法	10		
实际工作能力	在校内实训室场所，进行实际动手操作，完成装配任务	检测各项能力	技术交底的能力	8		
			材料验收的能力	8		
			放样放线的能力	8		
			框架安装和其他饰品安装的能力	8		
			质量检验的能力	8		
职业关键能力	团队精神、组织能力	个人和团队评分相结合	计划的周密性	5		
			人员调配的合理性	5		
验收能力	根据实训结果评估	实训结果和资料核对	验收资料完备	10		
任务完成的整体水平				100		

建筑装饰装修材料·构造·施工
——课程学习指南及实训课题集

教学指南 -1 延伸阅读文献

[1] 中华人民共和国建设部. 建筑装饰装修工程质量验收规范 GB 50210—2001 [S]. 北京：中国建筑工业出版社，2002.

[2] 点支式玻璃幕墙工程技术规程 CECS127—2001. [S]. 北京：中国建材工业出版社，2002.

[3] 刘忠伟，罗忆. 建筑装饰玻璃与艺术 [M]. 北京：中国建材工业出版社，2002.

[4] 张芹. 点支式玻璃幕墙（采光顶）构造图集 [M]. 上海：上海科学技术文献出版社，2003.

[5] 薛健. 装饰设计与施工手册 [M]. 北京：中国建筑工业出版社，2004.

教学指南 -2 教学内容和教学要求

请按下表的教学要求，学习本章的相关教学内容，掌握相关知识点。

《学习领域 8 玻璃工程》教学内容和教学要求表（考试大纲）

教学内容	主要知识点	主要能力点	教学要求
8.1 玻璃工程概述			
8.1.1 玻璃工程的分类	1. 全玻工程；2. 半玻工程；3. 局部玻璃工程	玻璃工程分类能力	了解
8.1.2 玻璃工程的主要应用	1. 建筑外立面；2. 建筑隔墙；3. 建筑栏杆；4. 建筑门窗；5. 建筑门头雨篷；6. 建筑地面；7. 建筑顶棚；8. 商业橱窗		
8.1.3 玻璃工程的主要优缺点	1. 主要优点；2. 主要缺点		
8.1.4 玻璃工程中的主材品种	1. 玻璃；2. 嵌缝材料；3. 连接固定件	玻璃材料识别能力	掌握
8.1.5 玻璃工程中玻璃加工的基本方法	1. 裁割与打孔；2. 玻璃的表面处理；3. 玻璃的热加工；4. 玻璃钢化		
8.2 玻璃幕墙的构造			
8.2.1 玻璃幕墙的构造分类	1. 有框系列玻璃幕墙构造；2. 隐框系列玻璃幕墙构造；3. 全玻系列（无框型）玻璃幕墙构造	玻璃幕墙构造分类能力	重点掌握
8.2.2 玻璃幕墙的其他关键构造	1. 玻璃安装连接固定构造；2. 玻璃安装密封构造；3. 幕墙悬挂构造；4. 幕墙底部镶嵌槽构造；5. 璃幕墙的防火构造；6. 玻璃幕墙的避雷构造		
8.2.3 点支式玻璃幕墙构造解析	1. 点支式连接玻璃幕墙构造；2. 点支式连接玻璃幕墙的支承构造	点支式玻璃幕墙构造初步设计能力、材料识别能力、施工工艺编制能力、工程质量控制与检验能力	掌握
8.2.4 点支式玻璃幕墙材料检索	1. 材料检索；2. 材料要求		
8.2.5 点支式玻璃幕墙施工工艺	1. 技术准备；2. 机具准备；3. 作业条件；4. 施工流程和工艺；5. 施工注意要点；6. 成品保护		
8.2.6 玻璃幕墙质量检验	1. 说明；2. 玻璃幕墙质量检验的一般规定；3. 质量标准和验收方法		

教学内容	主要知识点	主要能力点	教学要求
8.2.7 玻璃幕墙相关的主要技术标准	1. 幕墙技术；2. 玻璃幕墙分级和测试	玻璃幕墙相关规范检索应用能力	
8.3 玻璃隔墙构造、材料、施工、检验			
8.3.1 玻璃隔墙构造解析	1. 坐地式玻璃隔墙构造；2. 悬挂式玻璃隔墙构造；3. 玻璃装饰板墙面	玻璃隔墙构造初步设计能力、材料识别能力、施工工艺编制能力、工程质量控制与检验能力	掌握
8.3.2 玻璃隔墙材料检索	1. 材料检索；2. 材料要求		
8.3.3 玻璃隔墙施工工艺	1. 技术准备；2. 机具准备；3. 作业条件；4. 施工流程和工艺；5. 施工注意要点；6. 成品保护		
8.3.4 玻璃墙板质量检验	1. 说明；2. 质量标准		
8.4 空心玻璃砖墙构造、材料、施工、检验			
8.4.1 空心玻璃砖墙构造解析	1. 空心玻璃砖墙的构造；2. 空心玻璃砖墙的框架构造；3. 空心玻璃砖弧线型墙的构造	空心玻璃砖墙的构造初步设计能力、材料识别能力、施工工艺编制能力、工程质量控制与检验能力	掌握
8.4.2 空心玻璃砖墙材料检索	1. 空心玻璃砖；2. 辅助材料		
8.4.3 空心玻璃砖墙施工工艺	1. 技术准备；2. 机具准备；3. 作业条件；4. 施工流程和工艺；5. 施工注意要点；6. 成品保护		
8.4.4 空心玻璃砖墙质量检验	1. 说明；2. 一般规定		
8.5 玻璃栏板构造、材料、施工、检验			
8.5.1 玻璃栏板构造解析	1. 玻璃栏板的构造种类；2. 玻璃栏板的底部构造；3. 扶手与玻璃的固定构造；4. 半玻璃栏板的构造	玻璃栏板的构造初步设计能力、材料识别能力、施工工艺编制能力、工程质量控制与检验能力	掌握
8.5.2 玻璃栏板材料检索	1. 材料检索；2. 材料要求		
8.5.3 玻璃栏板施工工艺	1. 技术准备；2. 机具准备；3. 作业条件；4. 施工流程和工艺；5. 施工注意要点；6. 成品保护		
8.5.4 玻璃栏板质量检验	1. 说明；2. 质量标准		

教学指南

教学指南 -3 自我检查

1. 简述玻璃工程的主要分类和特点。

答：分类 1：   特点：

分类 2：   特点：

分类 3：　　　　　特点：

2. 简述玻璃工程的主要优点。

答：

3. 简述常用玻璃的主要品种及特点。

种类	主要品种	特点

4. 玻璃有哪些基本的加工方法。

答：

5. 玻璃幕墙的分类和特点?

分类方法	类型	说明	施工地点
按构造方式			
	无框		
按施工和安装方法			

6. 用草图画出明框式玻璃幕墙的构造。

7. 简述玻璃幕墙的防火构造并画出构造草图。
答: 玻璃幕墙的防火构造:

玻璃幕墙的防火构造草图:

8. 点支式玻璃幕墙的支承结构有哪三种主要类型?

答: 类型1:

类型2:

类型3:

9. 什么情况下玻璃幕墙需要采用悬挂构造?

答:

10. 玻璃幕墙的施工工艺?

玻璃幕墙的施工流程和施工工艺

序号	施工流程	施工要求
1		
2		

序号	施工流程	施工要求
3		
4		
5		
6		
7		
8		
9		

11. 画出空心玻璃砖墙胶筑法构造草图。

12. 简述玻璃栏板底部构造，并画出构造草图。

答：玻璃栏板底部构造：

玻璃栏板底部构造草图：

13. 不锈钢玻璃栏板的质量检验标准。

不锈钢玻璃栏杆安装的允许偏差和检验方法

项　次	项　目	允许偏差（mm）	检验方法
1	护栏垂直度		
2	栏杆间距		
3	扶手直线度		
4	扶手高度		

教学指南－4　实训课题

玻璃工程设计与操作实训

4.1　实训目的

通过下列实训，充分理解玻璃工程的材料、构造、施工工艺和验收方法。使自己在今后的设计和施工实践中能够更好地把握玻璃工程的材料、构造、施工、验收的主要技术关键。

4.2　实训要求

4.2.1　通过设计能力实训理解玻璃工程的材料、构造。

4.2.2　通过操作能力实训对点支式玻璃幕墙工程的施工及验收有感性认识。特别是通过实训项目，对玻璃工程的技术准备、材料要求、施工流程和工艺、质量标准和检验方法进行实践验证，并能举一反三。

4.3　实训类型

4.3.1　设计能力实训

1. 为某宾馆层高 6m 的大堂设计悬吊式玻璃墙构造，并画出玻璃与玻璃肋的交接构造。

2. 为某汽车站绘制玻璃栏板的节点构造大样图。

4.3.2 操作能力实训

课题：在校内实训室进行点支式玻璃幕墙的装配训练

任务编号		时间安排	理论准备	2 学时
实训任务	点支式玻璃幕墙的装配训练		实践	4 学时
学习领域	玻璃工程		材料整理	4 学时
任务名称	点支式玻璃幕墙的装配		合计	10 学时
任务要求	按点支式玻璃幕墙的施工工艺装配 1 组点支式玻璃幕墙			
行动描述	教师根据授课要求提出实训要求。学生实训团队根据设计方案和实训施工现场，按点支式玻璃幕墙的施工工艺装配一组点支式玻璃幕墙，并按点支式玻璃幕墙的工程验收标准和验收方法对实训工程进行验收，各项资料按行业要求进行整理。完成以后，学生进行自评，教师进行点评			
工作岗位	本工作属于工程部施工员			

工作过程	详见附件：点支式玻璃幕墙实训流程
工作要求	按国家验收标准，装配点支式玻璃幕墙，并按行业惯例准备各项验收资料
工作工具	点支式玻璃幕墙工程施工工具及记录本、合页纸、笔等实训记录工具
工作团队	1. 分组。4~6人为一组，选1项目组长，确定1名见习设计员、1名见习材料员、1名见习施工员、1名见习资料员、1名见习质检员 2. 各位成员分头进行各项准备。做好资料、材料、设计方案、施工工具等准备工作
工作方法	1. 项目组长制订计划，制订工作流程，为各位成员分配任务 2. 见习设计员准备图纸，向其他成员进行方案说明和技术交底 3. 见习材料员准备材料，并主导材料验收任务 4. 见习施工员带领其他成员进行放线，放线完成以后进行核查 5. 按施工工艺进行框架安装、饰面装饰、花饰和美术工艺评安装、清理现场准备验收 6. 由见习质检员主导进行质量检验 7. 见习资料员记录各项数据，整理各种资料 8. 项目组长主导进行实训评估和总结 9. 指导教师核查实训情况，并进行点评
阀　　值	通过实践操作，掌握点支式玻璃幕墙施工工艺和验收方法，为今后走上工作岗位做好知识和能力准备

附件：点支式玻璃幕墙实训流程

一、实训团队组成

团队成员	姓名	主要任务
项目组长		
见习设计员		
见习材料员		
见习施工员		
见习资料员		
见习质检员		
其他成员		

二、实训计划

工作任务	完成时间	工作要求

三、实训方案

1. 进行技术准备

2. 画出施工图

3. 机具准备

施工机具设备表

序	分类	名　　称
1	机具	
2	工具	
3	计量检测用具	
4	安全防护用品	

4. 作业条件

5. 编写施工工艺

点支式玻璃幕墙施工流程和工艺表

序号	施工流程	施工要求
1	玻璃运输	
2	定位放线	

序号	施工流程	施工要求
3	连接件的固定	
4	骨架安装	
5	主柱的安装	
6	横杆的安装	
7	玻璃安装	
8	玻璃就位	
9	检查验收	

6. 进行工程验收

点支式玻璃幕墙工程的质量验收标准见教材中表7-9。

点支式玻璃幕墙工程质量检验记录

序号	分项	质量标准
1	主控项目	

序号	分项	质量标准
1	主控项目	
2	一般项目	

注：该表需要学生从教材之处寻找适当的资料。

7. 整理各项资料

以下各项工程资料需要装入专用资料袋。

序号	资料目录	份数	验收情况
1	设计图纸		
2	现场原始实际尺寸		
3	工艺流程和施工工艺		
4	工程竣工图		
5	验收标准		
6	验收记录		
7	考核评分		

8. 总结汇报

实训团队成员个人总结

建议从下列方面进行总结：

8.1　实训情况概述（任务、要求、团队组成等）

8.2　实训任务完成情况

8.3　实训的主要收获

8.4　存在的主要问题

8.5　团队合作情况（个人在团队中的作用、团队的整体表现、团队的竞争力如何等）

8.6　对实训安排有什么建议

9. 实训考核成绩评定

点支式玻璃幕墙安装实训考核内容、方法及成绩评定标准

系列	考核内容	考核方法	要求达到的水平	指标	小组评分	教师评分
对基本知识的理解	对点支式玻璃幕墙的理论掌握	编写施工工艺	能正确编制施工工艺	30		
		理解质量标准和验收方法	正确理解质量标准和验收方法	10		
实际工作能力	在校内实训室场所，进行实际动手操作，完成装配任务	检测各项能力	技术交底的能力	8		
			材料验收的能力	8		
			放样弹线的能力	8		
			框架安装和及其他饰品安装的能力	8		
			质量检验的能力	8		
职业关键能力	团队精神、组织能力	个人和团队评分相结合	计划的周密性	5		
			人员调配的合理性	5		
验收能力	根据实训结果评估	实训结果和资料核对	验收资料完备	10		
任务完成的整体水平				100		

建筑装饰装修材料·构造·施工
——课程学习指南及实训课题集

教学指南-1 延伸阅读文献

[1] 中国轻工业联合会综合业务部. 中国轻工业标准汇编地毯卷[M].
北京：中国标准出版社，2006.

[2] 薛士鑫. 机制地毯[M]. 北京：化学工业出版社，2004.

[3] 深圳市金版文化发展有限公司. 中国精品窗帘[M]. 福州：南海出
版社，2008.

[4] 刘咏. 织物印花与特种印刷[M]. 北京：印刷工业出版社，2007.

[5] 建筑内部装修设计防火规范[S]. GB50222—1995

[6] 建筑材料及制品燃烧性能分级[S]. GB8624—2006

[7] 公共场所阻燃制品及组件燃烧性能要求和标识[S]. GB20286—2006

[8] 地毯标签[S]. QB2397—1998

[9] 室内装饰装修材料地毯、地毯衬垫及地毯胶粘剂有害物质释放能量
[S]. GB18587—2001

[10] 纺织品装饰用织物[S]. GB/T19817—2005

教学指南-2 教学内容和教学要求

请按下表的教学要求，学习本章的相关教学内容，掌握相关知识点。

《学习领域9 织物工程》教学内容和教学要求表（考试大纲）

教学内容	主要知识点	主要能力点	教学要求
9.1 装饰织物工程概述			
9.1.1 装饰织物工程分类与内容	1. 窗帘与帷幕工程；2. 地毯工程；3. 其他工程	装饰织物工程相关概念的把握能力	
9.1.2 装饰织物工程的材料品种	1. 窗帘与帷幕常用织物品种简介；2. 地毯常用织物品种简介；3. 装饰织物工程的材料分类		
9.1.3 窗帘、地毯织物检验规范标准	1. 帘幕织物；2. 地毯织物		
9.2 窗帘与帷幕工程			
9.2.1 窗帘与帷幕基本构造	1. 帘幕款式和种类；2. 窗帘；帷幕的基本构造	窗帘与帷幕构造初步设计能力、材料识别能力、施工工艺编制能力、工程质量控制与检验能力	重点掌握
9.2.2 各类窗帘与帷幕的具体构造	1 平开帘；2. 罗马帘；3. 卷帘；4. 垂直帘；5. 百叶帘		
9.2.3 窗帘与帷幕的材料	1. 材料检索；2. 材料要求		
9.2.4 窗帘与帷幕的施工工艺	1. 技术准备；2. 机具准备；3. 作业条件；4. 施工流程和工艺；5. 施工注意要点；6. 成品保护		
9.2.5 窗帘和帷幕工程质量检验	1. 说明；2. 质量标准		

教学内容	主要知识点	主要能力点	教学要求
9.3　地毯工程			
9.3.1　地毯铺设构造	1. 活动式铺；2. 固定铺设	地毯构造初步设计能力、材料识别能力、施工工艺编制能力、工程质量控制与检验能力	熟悉
9.3.2　地毯材料	1. 材料检索；2. 材料要求		
9.3.3　地毯铺设施工工艺	1. 技术准备；2. 机具准备；3. 作业条件；4. 施工流程和工艺；5. 施工注意要点；6. 成品保护		
9.3.4　地毯工程质量检验	1. 说明；2. 质量标准		
教学指南			

教学指南 -3　自我检查

1. 列举几项主要的帘幕、地毯所用织物检验标准。

答：

2. 帘幕有哪些常用款式，并用钢笔草图画出其中两款的款式示意图。

答：帘幕常用款式有：

款式示意图：

3. 简述帘幕常用窗轨的种类和应用。

答:

4. 简述电动平开帘的系统构成，并用钢笔画出构造草图。

答：电动平开帘的系统构成：

电动平开帘的系统构造草图：

5. 简述两种地毯铺设的方式。

答：方式1：

　　方式2：

6. 简述地毯铺设工艺。

<h3 style="text-align:center">地毯铺设施工流程和工艺表</h3>

序号	施工流程	施工要求
1		
2		

序号	施工流程	施工要求
3		
4		
5		
6		
7		

教学指南 –4 实训课题

织物工程设计及操作能力实训

4.1 实训目的

通过下列实训，充分理解织物工程的材料、构造、施工工艺和验收方法。使自己在今后的设计和施工实践中能够更好地把握织物工程的材料、构造、施工、验收的主要技术关键。

4.2 实训要求

4.2.1 通过设计能力实训理解织物工程的材料、构造。

4.2.2 通过操作能力实训对织物工程的施工及验收有感性认识。特别是通过实训项目，对织物工程的技术准备、材料要求、施工流程和工艺、质量标准和检验方法进行实践验证，并能举一反三。

4.3 实训类型

4.3.1 设计能力实训

1. 为学校会议室设计一款窗帘，要求依据空间性质要求配置，画出立面图，制定织物选配计划，附带设计说明。

2. 请编写该窗帘的施工工艺。

4.3.2　操作能力实训

课题：在校内实训室进行窗帘的装配训练

任务编号			时间安排	理论准备	2 学时
实训任务	窗帘工程的装配训练			实践	4 学时
学习领域	织物工程			材料整理	4 学时
任务名称	窗帘工程的装配			合计	10 学时
任务要求	按窗帘工程的施工工艺装配 1 组窗帘				
行动描述	教师根据授课要求提出实训要求。学生实训团队根据设计方案和实训施工现场，按窗帘工程的施工工艺装配一组窗帘，并按窗帘工程的工程验收标准和验收方法对实训工程进行验收，各项资料按行业要求进行整理。完成以后，学生进行自评，教师进行点评				
工作岗位	本工作属于工程部施工员				
工作过程	详见附件：窗帘工程实训流程				
工作要求	按国家验收标准，装配窗帘工程，并按行业惯例准备各项验收资料				
工作工具	窗帘工程施工工具及记录本、合页纸、笔等实训记录工具				
工作团队	1. 分组。4～6 人为一组，选 1 项目组长，确定 1 名见习设计员、1 名见习材料员、1 名见习施工员、1 名见习资料员、1 名见习质检员 2. 各位成员分头进行各项准备。做好资料、材料、设计方案、施工工具等准备工作				
工作方法	1. 项目组长制订计划，制订工作流程，为各位成员分配任务 2. 见习设计员准备图纸，向其他成员进行方案说明和技术交底 3. 见习材料员准备材料，并主导材料验收任务 4. 见习施工员带领其他成员进行窗帘的组装 5. 按施工工艺进行窗帘的安装、清理现场准备验收 6. 由习质检员主导进行质量检验 7. 见习资料员记录各项数据，整理各种资料 8. 项目组长主导进行实训评估和总结 9. 指导教师核查实训情况，并进行点评				
阀　　值	通过实践操作，掌握窗帘施工工艺和验收方法，为今后走上工作岗位做好知识和能力准备				

附件：窗帘工程实训流程

一、实训团队组成

团队组成	姓名	主要任务
项目组长		
见习设计员		
见习材料员		
见习施工员		
见习资料员		
见习质检员		
其他成员		

二、实训计划

工作任务	完成时间	工作要求

三、实训方案

1. 进行技术准备

2. 画出施工图

3. 机具准备

施工机具设备表

序	分类	名 称
1	机械	
2	工具	
3	计量检测用具	

4. 作业条件

5. 编写施工工艺

窗帘工程施工流程和工艺表

序号	施工流程	施工要求
1	定位划线	
2	预埋件 检查和处理	
3	核查加工品	
4	窗帘盒 （杆）安装	
5	窗帘安装	

6. 进行工程验收

窗帘工程的质量验收标准见教材中表 9-27。

窗帘工程质量检验记录

序号	分项	质量标准
1	主控项目	
2	一般项目	

7. 整理各项资料

以下各项工程资料需要装入专用资料袋。

序号	资料目录	份数	验收情况
1	设计图纸		
2	现场原始实际尺寸		
3	工艺流程和施工工艺		
4	工程竣工图		
5	验收标准		
6	验收记录		
7	考核评分		

8. 总结汇报

实训团队成员个人总结

建议从下列方面进行总结：

8.1 实训情况概述（任务、要求、团队组成等）

8.2 实训任务完成情况

8.3 实训的主要收获

8.4 存在的主要问题

8.5 团队合作情况（个人在团队中的作用、团队的整体表现、团队的竞争力如何等）

8.6 对实训安排有什么建议

9. 实训考核成绩评定

窗帘安装实训考核内容、方法及成绩评定标准

系列	考核内容	考核方法	要求达到的水平	指标	小组评分	教师评分
对基本知识的理解	对窗帘的理论掌握	编写施工工艺	能正确编制施工工艺	30		
		理解质量标准和验收方法	正确理解质量标准和验收方法	10		
实际工作能力	在校内实训室场所，进行实际动手操作，完成装配任务	检测各项能力	技术交底的能力	8		
			材料验收的能力	8		
			放样放线的能力	8		
			框架安装和其他饰品安装的能力	8		
			质量检验的能力	8		
职业关键能力	团队精神、组织能力	个人和团队评分相结合	计划的周密性	5		
			人员调配的合理性	5		
验收能力	根据实训结果评估	实训结果和资料核对	验收资料完备	10		
任务完成的整体水平				100		

10. 地毯材料调研

结合本章所学知识，以小组为单位调研装饰材料市场，搜集帘幕及地毯材料种类、规格、性能及装饰效果、价格，并制成材料看板。

任务编号		时间安排	理论准备	2 学时
实训任务	地毯材料调研		实践	4 学时
学习领域	织物工程		材料整理	4 学时
任务名称	制作地毯品牌看板		合计	10 学时
任务要求	调查本地材料市场地毯材料，重点了解 10 款市场受消费者欢迎的实木地毯的品牌、品种、规格、特点、价格			
行动描述	1. 参观当地大型的装饰材料市场，全面了解各类楼地面装饰材料 2. 重点了解 10 款市场受消费者欢迎的地毯的品牌、品种、规格、特点、价格 3. 将收集的素材整理成内容简明、可以向客户介绍的材料看板			
工作岗位	本工作属于工程部、设计部、材料部，岗位为施工员、设计院、材料员			
工作过程	到建筑装饰材料市场进行实地考察，了解地毯的市场行情。做到能够熟悉本地知名地毯品牌、识别地毯品种，为装修设计选材和施工管理的材料选购质量鉴别打下基础 1. 选择材料市场 2. 与店方沟通，请技术人员讲解地毯品种和特点 3. 收集地毯宣传资料 4. 整理素材 5. 编写 10 款市场受消费者欢迎的地毯的品牌、品种、规格、特点、价格的看板			
工作对象	建筑装饰市场材料商店的地毯材料			
工作工具	记录本、合页纸、笔、相机、卷尺等			

工作方法	1. 先熟悉材料商店整体环境 2. 征得店方同意 3. 详细了解地毯的品牌和种类 4. 确定一种品牌进行深入了解 5. 拍摄选定地毯品种的数码照片 6. 收集相应的资料 注意：尽量选择材料商店比较空闲的时间，不能干扰材料商店的工作
工作团队	1. 事先准备。做好礼仪、形象、交流、资料、工具等准备工作 2. 选择调查地点 3. 分组。4~6人为一组，选一名组长，每人选择一个品牌的地毯进行市场调研。然后小组讨论，确定一款地毯品牌进行材料看板的制作
工作要求	工作对象确定，原始平面图和测量数据要要求详细、准确。原始空间分析意见。 教学重点：1. 选择品牌；2. 了解该品牌地毯的特点 教学难点：1. 与商店领导和店员的沟通；2. 材料数据的完整、详细、准确；3. 资料的整理和归纳；4. 看板版式的设计
阀　值	建筑装饰设计和施工的提供市场材料信息，为后续工作服务

_____市（区、县）地毯市场调查报告

调查团队成员	
调查地点	
调查时间	
调查过程简述	
调查品牌	
品牌介绍	

品种1	
品种名称	
地毯规格	
地毯特点	地毯照片
价格范围	

品种2	
品种名称	
地毯规格	
地毯特点	地毯照片
价格范围	

品种 3		
品种名称		
地毯规格		地毯照片
地毯特点		
价格范围		

品种 4		
品种名称		
地毯规格		地毯照片
地毯特点		
价格范围		

品种 5		
品种名称		
地毯规格		地毯照片
地毯特点		
价格范围		

品种 6		
品种名称		
地毯规格		地毯照片
地毯特点		
价格范围		

品种 7		
品种名称		
地毯规格		地毯照片
地毯特点		
价格范围		

品种 8		
品种名称		
地毯规格		地毯照片
地毯特点		
价格范围		

品种9			
品种名称			
地毯规格			
地毯特点		地毯照片	
价格范围			

品种10			
品种名称			
地毯规格			
地毯特点		地毯照片	
价格范围			

实训考核内容、方法及成绩评定标准

系列	考核内容	考核方法	要求达到的水平	指标	小组评分	教师评分
对基本知识的理解	对地板材料的理论检索和市场信息捕捉能力	资料编写的正确程度	预先了解地板的材料属性	30		
		市场信息了解的全面程度	预先了解本地的市场信息	10		
实际工作能力	在校内实训室场所，实际动手操作，完成调研的过程	各种素材展示	选择比较市场材料的能力	8		
			拍摄清晰材料照片的能力	8		
			综合分析材料属性的能力	8		
			书写分析调研报告的能力	8		
			设计编排调研报告的能力	8		
职业关键能力	团队精神和组织能力	个人和团队评分相结合	计划的周密性	5		
			人员调配的合理性	5		
书面沟通能力	调研结果评估	看板集中展示	地毯资讯完整美观	10		
任务完成的整体水平				100		

材料检索教学指南

建筑装饰装修材料·构造·施工
——课程学习指南及实训课题集

教学指南 -1　延伸阅读文献

[1] 新型建筑材料专业委员会.新型建筑材料使用手册［M］.北京：中国建筑工业出版社，1992.

[2] 薛健、周长积.建筑装饰工程手册［M］.徐州：中国矿业大学出版社.2001.

教学指南 -2　教学内容和教学要求

请按下表的教学要求，学习本章的相关教学内容，掌握相关知识点。

《学习领域 10 材料检索》教学内容和教学要求表（考试大纲）

教学内容		主要知识点	主要能力点	教学要求
材料检索 1 – 抹灰材料				
1.1	胶凝材料	1. 石灰；2. 建筑石膏；3. 硅酸盐水泥；4. 白色硅酸盐水泥	抹灰材料性能、规格、应用场所、质量检验标准把握能力	了解
1.2	建筑砂浆	1. 建筑砂浆的配比；2. 砂浆的技术性质；3. 砌筑砂浆；4. 特种砂浆；5. 装饰砂浆		
1.3	胶凝材料和建筑砂浆质量检验的现行标准			
材料检索 2 – 墙体材料				
2.1	砌墙砖	1. 烧结砖；2. 蒸养（压）砖	材料性能、规格、应用场所、质量检验标准把握能力	了解
2.2	建筑砌块	1. 普通混凝土小型空心砌块；2. 粉煤灰砌块；3. 蒸压加气混凝土砌块；4. 轻骨料混凝土小型空心砌块		
2.3	墙用板材	1. 水泥类墙用板材；2. 石膏类墙用板材；3. 植物纤维类板材；4. 复合墙板		
2.4	墙体材料现行质检标准			
材料检索 3 – 木材				
3.1	木材的基本属性	1. 木材的结构；2. 木材的外观性质；3. 木材的理化特性；4. 木材的处理方法；5. 木材的现行标准	木材性能、规格、应用场所、质量检验标准把握能力	熟悉
3.2	自然树种	1. 按树叶形状分类；2. 按树种产地分类；3. 按树种的综合评价分类；4. 按树种材质的软硬或颜色分类		
3.3	基层板材	1. 胶合板；2. 人造板材		
3.4	饰面板材	1. 饰面胶合板；2. 微薄木装饰板；3. 复合饰面板		
3.5	木制线条	1. 木质装饰线；2. 木质装饰线的挑选要点		
3.6	地板	1. 实木地板；2. 复合地板		
材料检索 4 – 金属材料				
4.1	钢材	1. 钢材的分类；2. 建筑钢材的主要技术性质；3. 建筑装饰装修常用钢材；4. 建筑装饰装修钢材的防锈	钢材性能、规格、应用场所、质量检验标准把握能力	了解
4.2	铝及铝合金	1. 铝；2. 铝合金；3. 铝合金型材；4. 铝合金型材选用注意事项		
4.3	铜	1. 铜的特性；2. 铜合金及应用		
4.4	其他钢板	1. 不锈钢板；2. 彩色不锈钢板；3. 彩色涂层钢板；4. 塑料复合钢板；5. 彩色压型钢板		

教学内容		主要知识点	主要能力点	教学要求
材料检索5 – 石材				
5.1	石材的基本属性	1. 造岩矿物；2. 岩石的结构与构造；3. 岩石的形成与分类；4. 常用石材的技术特性；5. 石材的规格	石材性能、规格、应用场所、质量检验标准把握能力	熟悉
5.2	饰面石材	1. 天然石材；2. 人造石材		
5.3	石材的质检的现行标准			
材料检索6 – 建筑陶瓷				
6.1	陶瓷的基本知识	1. 陶瓷的基本性质；2. 釉	建筑陶瓷性能、规格、应用场所、质量检验标准把握能力	熟悉
6.2	主要的建筑陶瓷品种	1. 釉面砖；2. 墙地砖；3. 陶瓷锦砖；4. 琉璃制品		
6.3	建筑陶瓷质量检验的现行标准			
材料检索7 – 玻璃材料				
7.1	玻璃	1. 玻璃的化学组成；2. 玻璃的理化性能；3. 常用玻璃的品种、特点及应用	玻璃材料性能、规格、应用场所、质量检验标准把握能力	熟悉
7.2	空心玻璃砖	1. 空心玻璃砖及其应用；2. 空心玻璃砖的技术性能；3. 空心玻璃砖工程的辅助材料		
7.3	建筑玻璃质检的现行标准			
材料检索8 – 织物材料				
8.1	纺织纤维	1. 纺织纤维的类别；2. 纺织纤维物理及化学性能；3. 纺织纤维鉴别	织物材料性能、规格、应用场所、质量检验标准把握能力	了解
8.2	纱线	1. 纱线种类；2. 纱线性能及应		
8.3	织物	1. 织物工艺类型及织造方法；2. 织物染整；3. 织物后整理；4. 织物的理化属性；5. 织物风格类型与应用		
8.4	地毯	1. 地毯的分类；2. 地毯常用材料与品种；3. 地毯基本结构及技术指标；4. 地毯基本性能指标及检验标准		
材料检索9 – 饰面材料				
9.1	外墙饰面板材	1. 铝塑板；2. 铝板；3. 卡索板；4. 千思板	饰面材料性能、规格、应用场所、质量检验标准把握能力	重点掌握
9.2	隔墙、吊顶饰面材料	1. 纸面石膏板；2. 无纸面石膏板；3. 胶合板 4. 矿棉吸声板；5. 珍珠岩吸声板；6. 塑料扣板 7. 金属扣板		
9.3	塑料地板	1. 块状地板；2. 卷状地板		
9.4	软包材料	1. 底层；2. 吸声层；3. 面层		
9.5	裱糊材料	1. 普通壁纸；2. 发泡壁纸；3. 特种壁纸；4. 聚氯乙烯壁纸；5. 织物复合壁纸 金属壁纸；6. 复合纸质壁纸		
9.6	饰面材料现行质检标准			
材料检索10 – 建筑涂料				
10.1	建筑涂料的功能和分类	1. 建筑涂料的功能；2. 建筑涂料的分类	建筑涂料性能、规格、应用场所、质量检验标准把握能力	了解
10.2	涂料的组成	1. 主要成膜物质；2. 次要成膜；3. 溶剂（稀释剂）；4. 助剂		
10.3	常用建筑涂料	1. 有机建筑涂料；2. 无机建筑涂料；3. 油漆涂料；4. 常见各类涂料优缺点；5. 涂料的选择		
10.4	建筑涂料质检的现行标准			

教学内容	主要知识点	主要能力点	教学要求
材料检索 11 - 功能材料			
11.1 防火涂料	1. 硅酸盐涂料；2. 可塞银（酪素）涂料；3. 掺有防火剂的油质涂料	功能材料性能、规格、应用场所、质量检验标准把握能力	了解
11.2 防水材料	1. 刚性防水材料；2. 沥青基防水材料；3. 改性沥青基防水卷材；4. 高分子防水卷材；5. 粘结及密封材料		
11.3 吸声材料	1. 无机材料；2. 木质材料；3. 多孔材料；4. 纤维材料		
11.4 绝热材料	1. 超细玻璃棉毡沥青玻纤制品；2. 岩棉纤维；3. 岩棉制品；4. 膨胀珍珠岩；5. 水泥膨胀珍珠岩制品；6. 水玻璃膨胀珍珠岩制品；7. 水泥膨胀蛭石制品；8. 轻质钙塑板；9. 泡沫玻璃；10. 木丝板；11. 软质纤维板；12. 软木板；13. 聚苯乙烯泡沫塑料；14. 聚氯乙烯泡沫塑料		
11.5 密封材料	1. 树脂类密封材料；2. 橡胶类密封材料；3. 树脂—橡胶共混型密封材料		
11.6 功能材料质检的现行标准			
材料检索 12 - 五金材料			
12.1 吊顶五金	1. 镀锌螺栓；2. 膨胀螺栓；3. 圆钉；4. 麻花钉；5. 水泥钉；6. 骑马钉；7. 十字槽沉头木螺钉	五金材料性能、规格、应用场所、质量检验标准把握能力	了解
12.2 门窗五金	1. 门的五金；2. 窗的配套五金；3. 铝合金门窗配套五金		
12.3 木制品的五金	1. 钉子；2. 螺钉、螺帽和螺栓		
12.4 点支式幕墙的五金	1. 驳接头；2. 驳接爪		
12.5 五金质检的现行标准			
材料检索 13 - 建筑胶粘剂			
13.1 胶粘剂的组成	1. 粘结物质；2. 固化剂；3. 增韧剂；4. 填料；5. 稀释剂；6. 改性剂	建筑胶粘剂性能、规格、应用场所、质量检验标准把握能力	了解
13.2 胶粘剂的分类	1. 按粘结物质的性质；2. 按强度特性；3. 按固化条件		
13.3 常用建筑胶粘剂	1. 热塑性合成树脂胶粘剂；2. 热固性合成树脂胶粘剂；3. 合成橡胶胶粘剂		
13.4 选择胶粘剂	1. 选择胶粘剂基本原则；2. 选择胶粘剂的注意事项		
13.5 胶粘剂质检的现行标准			
教学指南			

教学指南 -3 自我检查

1. 抹灰材料

1-1. 填空题：生石灰、消石灰、水硬性石灰统称为_____。

1-2. 填空题：生石灰（氧化钙）与_____作用生成熟石灰（氢氧化钙）的过程称谓石灰的_____

1-3. 简述题：简述石灰的性质：

1－4. 填空题：_____是将天然二水石膏（又称为生石膏或软石膏）加
热脱水而得

1－5. 简述题：简述建筑石膏的性质：

1－6. 填空题：硅酸盐水泥是由_____、0～5%的石灰石或粒化
高炉矿渣、适量石膏磨细制成的_____性胶凝材料。

1－7. 填空题：硅酸盐水泥的特性

（1）_____。适合早强要求高的工程（如冬期施工、预制、现
浇等工程）和高强度混凝土（如预应力钢筋混凝土）。

（2）_____。适合严寒地区受反复冻融作用的混凝土工程。

（3）抗碳化性好。适合用于空气中二氧化碳浓度高的环境。

（4）_____。可用于干燥环境的混凝土工程。

（5）_____。不得用于大体积混凝土工程。但有利于低温季节
蓄热法施工。

（6）_____。因水化后氢氧化钙含量高。不适合耐热混凝土
工程。

（7）_____。不宜用于受流动水、压力水、酸类和硫酸盐侵蚀
的工程。

（8）_____。硅酸盐水泥在常规养护条件下硬化快、强度高。
但经过蒸汽养护后，再经自然养护至28d测得的抗压强度往往低于
未经蒸汽养护的28d抗压强度。

1－8. 填空题：白色硅酸盐水泥（俗称白水泥）的组成、性质与硅酸盐水
泥_____，所不同的是在配料和生产过程中忌铁质等_____，
所以具有白颜色

1－9. 填空题：白色硅酸盐水泥有_____、_____、

_____、_____四个标号，白度分为特级、

_____、_____、_____。

1-10. 填空题：建筑砂浆的配比是通过胶凝材料（水泥：普通水泥、矿渣水泥、火山灰质水泥、粉煤灰水泥＋其他胶凝材料、混合材料）＋_____＋_____＋_____＋外加剂获得的。

1-11. 填空题：对抹面砂浆的基本要求是具有良好的_____、较高的_____。容易抹成均匀平整的薄层，便于施工；有较好的_____，能与基层粘结牢固，长期使用不会_____或脱落。

1-12. 填空题：处于潮湿环境或易受外力作用时（如地面、墙裙等），还应具有较高的_____等。

防止砂浆层开裂，有时需要加入一些纤维材料，如_____、_____等。

1-13. 填空题：防水砂浆通常采用_____的水泥砂浆，水灰比为_____。也可加入防水剂或减水剂等。防水砂浆分为四层或五层施工，每层_____mm。

1-14. 填空题：一般吸声砂浆应由_____制成，所以都具有_____性能。

1-15. 简述题：装饰砂浆按其制作的方法不同可分为哪两类？它们各有哪些特点？

答：1）装饰砂浆的分类：

2）装饰砂浆的特点：

2. 墙体材料

2-1. 填空题：砌墙砖系指以_____、_____或其他地方资源为主要原料，以不同工艺制造的、用于砌筑承重和非承重墙体的墙砖。

2-2. 填空题：烧结多孔砖是以_____、_____、

_____、_____ 为主要原料，经焙烧而成的孔洞率≥15%，孔的尺寸小而数量多的砖。

2－3. 填空题：烧结空心砖的外形为直角六体面，其尺寸有_____（mm）和 240×180×115（mm）两种。

2－4. 填空题：蒸压灰砂砖是用_____和_____，经混合搅拌、陈伏、轮碾、加压成型、蒸压养护（_____℃；_____MP 的饱和蒸汽）而成。蒸压灰砂砖有彩色的（Co）和本色的（N）两类，本色为灰白色，若掺入耐碱颜料，可制成彩色砖。

2－5. 填空题：粉煤灰砖可用于工业与民用建筑的_____和_____，但用于基础或易受冻融和干湿交替作用的建筑部位时，必须使用_____和_____。

2－6. 填空题：建筑砌块系列中主规格的长度、宽度或高度有一项或一项以上分别大于 365mm、240mm 或_____mm，但高度不大于长度或宽度的六倍，长度不超过高度的三倍。按产品主规格的尺寸可分为_____砌块（高度大于 980mm）、_____砌块（高度为 380～980mm）和_____砌块（高度为 115～380mm）。

2－7. 填空题：普通混凝土小型空心砌块适用于地震设计烈度为_____度及 8 度以_____地区的一般民用与工业建筑物的墙体。

2－8. 填空题：粉煤灰砌块属_____制品，是以粉煤灰、石灰、石膏和骨料(炉渣、矿渣)等为原料，经配料、加水搅拌、振动成型、_____养护而制成的_____砌块。

2－9. 填空题：强度等级为_____级以下的轻骨料混凝土小型空心砌块主要用于_____或非承重墙体，强度等级为 3.5 级及其以上的砌块主要用于_____。

2－10. 填空题：轻骨料混凝土小型空心砌块可用于承重或非承重_____、_____、_____、_____、屋面板和_____等。

2－11. 填空题：普通纸面石膏板是以_____为主要原料，掺入适量轻骨料、纤维增强材料和外加剂构成芯材，并与具有一定强度的_____牢固地粘结在一起的建筑板材。

2－12. 填空题：泰柏板是以_____成的三维钢丝网骨架与高热阻自熄性_____泡沫塑料组成的芯材板，两面喷（抹）涂水泥砂浆而成。

2－13. 看图答题：图 1 表示的是_____；图 2 表示的是_____。

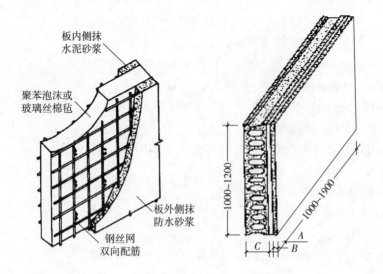

板内侧抹
水泥砂浆

聚苯泡沫或
玻璃丝棉毡

板外侧抹
防水砂浆

钢丝网
双向配筋

1000~1200

1000~1900

A
C B

3. 木材

3 – 1. 看图答题：图 1 ~ 3 表示的木材的_____切面、_____切面、
_____切面。

3 – 2. 填空题：木材的重量与木材的软硬有相当的_____。通常，
同体积的木材越重，其硬度也就越_____。木材的硬度因树
种而异，同一树材不同切面的硬度也各不_____。

3 – 3. 填空题：木材变形的两种主要形式是：

①_____。木材干燥后．如果纵向（径向和弦切）面仍保持
平直，只是横切面的形状发生了变异，这种现象叫歪偏。歪偏现
象主要是由木材径向和弦向_____不一致而引起的。

②_____。木材干燥后，如果纵向（径切和弦切）不在一个
平面，纵向形状发生了改变，这种现象叫翘曲。翘曲主要是由__
_____和_____造成的。根据形状不同曲、瓦弯等几种，图
3 – 3下。

③_____。木材在干燥过程中，由于_____而产生裂缝叫
干裂。几乎所有树种都会出现干裂，一般干裂从木材的_____开
始，这是因为木材中的水分从端部蒸发的速度比从侧面快 7 ~ 13
倍，开裂一般沿木纹方向延伸。干裂会大大降低木材的_____
和_____。

3 – 4. 简述题：木材的干燥处理主要哪两种方法？

3 – 5. 填空题：防腐处理的主要方式有如下几种。

（1）_____。为了控制菌虫的生长条件，一般都用刷子在木材表面涂刷 1~3 遍防腐剂，或用喷枪将防腐剂喷射在木材表面。这种方法简单易行、成本低，但药剂渗透深度浅。

（2）_____。将木材放入防腐剂中浸渍一定时间的方法能克服防腐剂渗透深度不足的缺点，如有需要还可在浸渍处理时加温、加压，以提高防腐效果。

3 – 6. 简述题：简述木材的堆放方法。

3 – 7. 填空题：红松、落叶松、云杉、冷杉、铁杉、水杉、柏木等树种是_____。榉木、核桃楸、水曲柳、柞术、樟木、柚木、椴木、楠木、榆木、花梨木、紫檀等是_____。紫檀木、花梨木、鸡翅木、铁梨木、乌木、酸枝木等是_____树种。榉木、楠木、桦木、黄杨木、南柏、樟木、梓木、杉木、松木、桐木、椿木、银杏、苦楝木、木荷、麻栗、椴木、枫木等_____树种。

3 – 8. 填空题：胶合板制作工艺用原木旋切成_____，经_____处理后用胶粘剂以各层纤维相垂直的方向粘合，热压制成。它的主要规格是_____×H；_____×H（H = 12、9、5、3、2.5、2、1.8mm）。

3 – 9. 填空题：细木工板是用_____用木板拼接而成，两面胶粘一层或三层单板。按结构不同有_____、_____两种；按表面加工状况有一面砂光、两面砂光和不砂光三种；按所使用的胶合剂不同，有 1 类胶细木工板、2 类胶细木工板两种。

3 – 10. 填空题：_____密板的密度不应小于 0.8g/cm³，强度_____，物质构造_____，质地坚密，吸水性和吸湿率_____，不易干缩和变形，可代替木板使用。含水率规定值按特、一、二、三等级分别为 15%、20%、30%、35%。

3 – 11. 填空题：胶合板中的饰面板，厚度基本以 3cm 和 5cm 为多，俗称_____和 _____。

3－12. 填空题：薄木贴面装饰板采用珍贵树种，精密旋切，制成厚度为_____mm 之间的薄木切片，以胶合板、纤维板、刨花板为基材采用先进胶粘工艺和胶粘剂，经_____制成的一种装饰板材。

3－13. 填空题：防火板面层为_____甲醛树脂浸渍过的印有各种色彩、图案的纸，里面各层都是酚醛树脂牛皮纸，经干燥后叠合在一起，在热压机中通过_____制成。

3－14. 填空题：木质装饰线即装饰_____，它是室内造型设计时经常使用的重要材料，同时也是非常实用的功能性材料。一般用于吊顶、墙面装饰及家具制作等装饰工程的平面相接处、分界面、层次面、对接面的_____、_____、_____等。

3－15. 简述题：简述木质装饰线的挑选要点：

3－16. 填空题：实木地板按地板结构形式分有_____（企口地板）、_____、_____ 按用途分有_____板、_____、集装箱木地板、潮湿环境木地板。按有无涂饰分有_____实木地板、_____实木地板（俗称素板）。

3－17. 简述题：简述复合地板的优缺点。

优点	缺点

4. 金属材料

4－1. 填空题：按主要用途将钢材分为：_____（钢结构用钢和混凝土结构用钢）、_____（制作刀具、量具、模具等）、_____（不锈钢、耐酸钢、耐热钢、磁钢等）。

4-2. 填空题：冷弯薄壁型钢通常是用 2 ~ 6mm 厚薄钢板_____或_____而成，有角钢、槽钢等开口薄壁型钢及方形、矩形等_____。

4-3. 简述题：简述钢材的防锈。

4-4. 填空题：纯铝中加入_____、_____等元素，成为铝合金，在建筑工程中得到广泛应用。按加工方法将铝合金分为_____（LZ）和_____。

4-5. 填空题：铝合金的性能及其在建筑中的应用。常用的铝合金有铝锰合金（Al-Mn 合金）、铝镁合金（Al-Mg 合金）、铝镁硅合金（Al-Mg-Si 合金）等。其中，_____系列合金是目前制作铝合金门窗、铝幕墙等铝合金装饰制品的主要基础材料，在建筑工程中应用最为广泛。

4-6. 填空题：铝型材的_____及_____是根据型材的使用特点、用途、构造及受力等因素确定的。用户应按所装饰工程的具体情况进行选用，对结构用铝合金型材一定要经_____后才能选用。

4-7. 填空题：纯铜由于强度_____，不宜于制作_____，且纯铜的价格贵，工程中更广泛使用的是铜合金，即在铜中掺入锌、锡等元素形成的_____。铜合金既保持了铜的良好塑性和高抗蚀性，又改善了纯铜的_____、_____等力学性能。

4-8. 填空题：由于铜制品的表面易受空气中的有害物质的腐蚀作用（如 SO_2）容易产生铜锈，为了消除这个缺点，可在铜制品的表面用_____等方法进行处理，从而提高抗腐蚀能力和耐久性，并能极大地提高其光泽度，增加铜制品的_____。

4-9. 填空题：建筑装饰所用的不锈钢制品主要是_____，其厚度小于_____mm 的薄钢板用得最多。一般热轧不锈钢板的厚度薄板为 0.35、0.4、0.45、0.5、0.55、0.6、0.7、0.75mm，厚板为 1.0、1.1、1.2、1.25、1.4、1.5、1.6、1.8mm；冷轧不锈钢板的厚度从 0.2 开始到 2.0。宽度 500 ~ 1000mm，长度 1000 ~ 2000mm，规格众多。

4-10. 填空题：彩色不锈钢板具有_____强、较高的_____、彩色面层经久不退色、色泽随光照角度不同会产生色调变幻等特点，而且色彩能耐_____℃的温度，耐烟雾腐蚀性能超过普通不锈钢，耐磨和耐刻划性能相当于箔层涂金的性能。其可加工性很好，当弯曲_____°时，彩色层不会损坏。

4-11. 填空题：彩色涂层钢板近年来国际国内出现的一种具有防腐和装饰性能新型装饰材料。它有有机涂层、无机涂层和复合涂层 3 种。以_____应用最多。

4-12. 填空题：彩色压型钢板是以镀锌钢板为基材，经过成型机的轧制，并涂敷各种耐腐蚀涂层与彩色烤漆而制成的轻型围护结构材料。这种钢板具有质量轻、抗震性好、耐久性强、色彩鲜艳、易于加工、施工方便等优点。适用于工业与民用及公共建筑的_____、_____及墙壁装贴等。

5. 石材

5-1. 填空题：岩石是各种天然固态矿物的集合体，组成岩石的矿物称为_____。

5-2. 填空题：由多种造岩矿物组成的岩石，叫_____。如_____是由长石（铝硅酸盐）、石英（结晶 SiO_2）、云母（钾、镁、锂、铝等的铝硅酸盐）等矿物组成的多矿岩。多数岩石是多岩矿。

5-3. 填空题：岩石的构造是指矿物在岩石中的排列及相互配置关系，如致_____、层状、_____、_____、纤维状等。

5-4. 填空题：天然岩石按照地质成因可分为_____岩、_____岩、_____岩三大类。

5-5. 填空题：_____ 的大小间接反映石材的致密程度与孔隙多少。在通常情况下，同种石材的表观密度愈____，则抗压强度愈_____，_____愈小，_____愈好

5-6. 填空题：石材的耐火性取决于其化学成分及矿物组成。由于各种造岩矿物热膨胀系数不同，受热后_____不一致，将产生内应力而导致_____破坏

5-7. 填空题：岩石的硬度主要取决于组成岩石的_____、_____，常用莫氏或肖氏表示_____。凡由致密、坚硬的矿物所组成的岩石，其硬度较高；结晶质结构硬度高于玻璃质结构；构造紧密的岩石硬度也较高。岩石的硬度与抗压强度有很好的相关性，一般抗压强度高的其硬度也大。岩石的硬度_____，其耐磨性_____，但表面加工越_____。

5-8. 填空题：花岗岩是常用的一种_____岩，经磨光的花岗石板材装饰效果好。主要矿物成分为_____、_____及少量_____和_____。由于次要矿物成分含量的不同，常呈整体均粒状结构，具有色泽深浅不同的斑点状花纹。

5-9. 填空题：花岗石多为方形和矩形，常用的矩形规格有：_____mm、$600 \times 300mm$、$600 \times 500mm$、$700 \times 350mm$ 等，厚度均为_____mm。地面板常用的方形规格有：$300 \times 300mm$、$400 \times 400mm$、_____mm、_____mm

5-10. 填空题：大理岩的主要矿物成分是方解石和白云石，空气中的二氧化硫遇水后对大理岩中的方解石有腐蚀作用，生成易溶的石膏，从而使表面变得粗糙多孔，失去光泽。故大理岩不宜用在室____或

有_____的场合。

5-11. 填空题：人造石材是以_____、_____、石英砂、石渣等为骨料，_____或_____等为胶结料，经_____、_____、_____或养护后，研磨抛光、切割而成。常用的人造石材有人造花岗石、大理石和水磨石三种。

5-12. 简述题：从安装施工的角度比较实心人造石与花岗石的区别。

实心人造石	花岗石

6. 建筑陶瓷

6-1. 填空题：建筑陶瓷指_____、_____、_____、_____等。

6-2. 填空题：以_____等为主要原料，通过_____制成的无机多晶产品均为陶瓷。陶瓷坯体可按其质地和烧结程度不同分类为_____、_____和_____三种。

6-3. 简述题：釉是覆盖在陶瓷制品表面上的无色或有色的玻璃态薄层。它是用矿物原料和化工原料配合（或制成熔块）磨细制成釉浆，涂覆坯体上，经煅烧而形成的。它的作用：

6-4. 填空题：釉面砖又称_____、_____，是以_____为主要原料，再加入一定量非可塑性掺料和助熔剂，共同研磨成浆体，经榨泥、烘干成为含一定水分的坯料后，通过模具压制成薄片坯体，再经烘干、素烧、施釉、釉烧等工序而制成。坯体精陶质，釉层色彩稳定，坯体吸水率_____％，与釉层在干湿、冻融下变形不一致，只能用于_____ 。

6 - 5. 简述题：釉面砖为什么不能用于室外？

6 - 6. 简述题：墙地砖的特点有哪些？

6 - 7. 填空题：玻化砖是将毛坯料在_____ ℃以上的高温进行焙烧，使坯中的熔融成分呈玻璃态，形成玻璃般亮丽质感的一种新型的高级陶瓷制品。

6 - 8. 填空题：玻化砖的主要规格是 400mm × 400mm、500mm × 500mm、_____ 、_____ 、_____ 、1000 × 1000（mm），厚度_____ （mm）

6 - 9. 简述题：劈离砖的特点有哪些？

6 - 10. 简述题：彩胎砖的特点有哪些？

6 - 11. 填空题：陶瓷锦砖俗称_____ ，它是一种边长不大于40mm、具有多种色彩和不同形状的_____ 镶拼组成各种花色图案的陶瓷制品。

6 - 12. 填空题：琉璃制品是以_____ 制坯成型后，经_____ 、_____ 、_____ 、釉烧而制成。它的特点是质地坚硬、致密，表面光滑，不易沾污，坚实耐久，色彩绚丽，造型古朴，富有中国传统的民族特色。

7. 玻璃材料

7 – 1. 填空题：玻璃是多种化学成分的_____，经冷却而获得的具有一定形状和固体力学性质的无定形状（非结晶体）。普通玻璃主要化学组成为_____、_____和_____及少量的 MgO、Al_2O_3、K_2O 等，普通玻璃也称为_____。

7 – 2. 填空题：请填写下列技术指标的参数：

玻璃的理化性能表

序	技术指标	参数
1	玻璃的抗压强度/MPa	
2	抗拉强度（f_L）/MPa	
3	弹性模量（E）/MPa	
4	脆性指数（E/f_L）	
5	莫氏硬度	
6	透光率%（透光率随玻璃厚度增加而降低，常用的厚度为 2~6mm 玻璃不小于）	82% ~ 88
7	室温下其导热系数/W（m·K）	0.4 ~ 0.82

7 – 3. 填空题：平板玻璃（浮法玻璃）有_____玻璃、（镜面玻璃）、_____玻璃（毛玻璃）、彩色玻璃。

7 – 4. 填空题：钢化玻璃将平板玻璃_____到接近软化温度（_____℃）后，_____使其骤冷，即成钢化玻璃。韧性提高约_____倍，抗弯强度提高约_____倍，抗冲击强度提高约____倍。碎裂时细粒无_____不伤人。可制成磨光钢化玻璃，吸热钢化玻璃。

7 – 5. 填空题：夹层玻璃将_____或_____平板玻璃之间嵌夹透明塑料薄衬片，经_____、加压、粘合而成的平面或曲面的复合玻璃制品。可粘贴_____或_____。可用浮法、吸热、彩色、热反射玻璃。

7 – 6. 填空题：夹丝玻璃是将普通平板玻璃加热到_____状态后，再将预先编织好的经预热处理的_____压入玻璃中而制成。热压钢丝网后，表面可_____、_____等处理，具有_____和_____的作用。

7 – 7. 填空题：热反射玻璃（镀膜玻璃）热反射玻璃具有良好的_____性能，对_____热有较高的反射能力，反射率达_____%以上，而普通玻璃对热辐射的反射率为_____%。

7 – 8. 填空题：玻璃锦砖单块尺寸_____、_____、30×30×4.3

7 – 9. 简述题：简述玻璃砖的构造和性能。

7 – 10. 简述题：空心玻璃砖工程的辅助材料。

8. 织物材料

8 – 1. 填空题：纤维是编织织物的 _____ 材料。纤维纺成纱后经过编织
　　　　成为 _____，然后对坯布进行染色、整理、验收。

8 – 2. 填空题：天然纤维有 _____、_____、_____、_____、竹。

8 – 3. 简述题：简述纤维的化学性能。

8 – 4. 简述题：简述纱线的种类。

8–5. 简述题：天然裘皮有哪些特点？

8–6. 填空题：手工地毯的主要织造原料为_____、_____ 和__
_____ 。手工地毯分为_____ 羊毛（真丝）地毯、_____
羊毛胶背地毯两类。手工编织地毯装饰效果极佳，适合面积不
大但要求较高的别墅、豪华公寓住宅、总统套房、总裁办公室
等高雅华贵场所，是地毯品种之精华。

8–7. 填空题：地毯的结构分为_____ 层、_____ 层（承托
层）、_____层、_____ 层（副托层）、_____层。

8–8. 填空题：各种地毯遇火时都会产生燃烧，所以认定地毯耐燃性是以
在_____min 的燃烧时间里，燃烧范围直径在_____ m 以内，
则耐燃性合格。目前，羊毛地毯阻燃性较_____，而化学纤维制作
的地毯都极易_____ 。

8–9. 填空题：地毯的弹性是指地毯经过一定次数的碰撞（动荷载）后__
_____ 的百分率。厚度损失愈小其弹性愈好。纯毛地毯弹性_____
，化纤地毯中丙纶地毯的弹性_____ 腈纶地毯。

8–10. 填空题：地毯作为地面覆盖物，在使用过程中，容易被虫、菌侵
蚀而引起_____ 。耐菌性好的地毯应该能经受 8 种_____ 和 5
种常见的_____ 的侵蚀而不长菌和霉变，因此需进行防蛀性处
理，以确保地毯的良好性能与使用寿命。

9. 饰面板材

9–1. 填空题：铝塑复合板是以经过化学处理的_____ 为表层材料，用
_____ 为芯材，在专用铝塑板生产设备上加工而成的复合材料。
分_____ 和_____ 。

9–2. 填空题：铝塑复合板的主要规格是_____ 、_____
（mm）。

9–3. 填空题：铝板是铝材或_____ 制成的板型材料。或者说是由扁铝
胚经_____ 、轧延及_____ 或固溶时效热等过程制造而成的
板型铝制品。

9－4. 填空题：纸面石膏板_____、_____、_____、_____，
_____、可刨和粘贴，加工性能好，施工方便。

9－5. 简述题：简述塑料块状地板的特点。

9－6. 填空题：塑料块状地板规格为_____mm，厚度_____mm。
目前盛行的还有 EVA 豪华地板、彩色石英地板。塑料板应平整、光
洁、色泽均匀、厚薄一致、边缘平直、无裂纹，板内不得含有杂质
和气泡。

9－7. 简述题：简述软包类墙柱面的常用材料。

序号	层别	常用材料
1	底层	
2	吸声层	
3	面层	

9－8. 填空题：裱糊类墙柱面装饰装修，经常使用的饰面卷材有_____
_____、_____、_____、微薄木等。

9－9. 简述题：简述聚氯乙烯壁纸的特点。

9－10. 简述题：简述金属壁纸的特点。

10. 建筑涂料

10-1. 填空题：建筑涂料简称涂料，是指涂覆于物体表面，能与＿＿＿＿＿＿牢固粘结并形成连续完整而坚韧的＿＿＿＿＿＿＿＿＿＿＿，具有＿＿＿＿＿＿＿、＿＿＿＿＿＿＿及其他特殊功能的物质。

10-2. 填空题：按涂刷部位分类，建筑涂料＿＿＿＿＿＿＿涂料、＿＿＿＿＿＿＿涂料、＿＿＿＿＿＿＿涂料、＿＿＿＿＿＿＿涂料、＿＿＿＿＿＿＿涂料等。

10-3. 填空题：建筑涂料是由下列物质组成的：主要成膜物质（＿＿＿＿＿＿＿＿＿＿＿、＿＿＿＿＿）、次要成膜物质（＿＿＿＿＿＿＿、＿＿＿＿＿＿＿颜料）、＿＿＿＿＿＿＿、＿＿＿＿＿＿＿（稀释剂）、＿＿＿＿＿＿＿。

10-4. 简述题：简述溶剂型涂料的特点。

10-5. 简述题：简述水溶性涂料的特点。

10-6. 简述题：简述乳液型涂料的特点。

10-7. 填空题：无机建筑涂料是以＿＿＿＿＿＿＿或＿＿＿＿＿＿＿为主要成膜物质，加入相应的固化剂，或有机合成树脂、颜料、填料等配制而成，主要用于＿＿＿＿＿＿＿。

10 – 8. 简述题：无机建筑涂料的特点。

10 – 9. 填空题：树脂漆是将_____ 溶于溶剂中，加入适量_____ 而成。常用的树脂有_____ 树脂、_____ 树脂、_____ 树脂、_____ 树脂等。树脂漆通常不掺颜料，涂刷于材料表面，溶剂挥发后干结成透明的光亮薄膜，能显示出基材原有的花纹，更显立体感。

10 – 10. 填空题：天然漆有_____ 和_____ 之分。天然漆是_____ 上取得的液汁，经部分脱水并过滤而得。漆膜_____ 、富有_____ 、耐久、耐磨、耐油、耐水、耐腐蚀、绝缘、耐热、与基材表面_____ 等。黏度大，不易施工（尤其是生漆），漆膜色深、性脆、不耐阳光直射、抗强氧化剂和抗碱性能差，漆酚有毒，容易产生皮肤过敏。

10 – 11. 填空题：油漆中含有_____（VOC）、____ 、_____ 、_____ 、游离甲苯二异氰酸酯、重金属物质等对人体和环境有害成分，国家标准_____《室内装饰装修材料溶剂型木器涂料中有害物质限量》对有害物质的检测和限量作了规定。

10 – 12. 填空题：使用油漆涂料时一定要注意_____，打开_____，谨防中毒；油漆后的地板、家具等要尽量通风，使室内油漆涂料中有害物质含量达到国家规定的限量以下。

11. 功能材料

11 – 1. 填空题：防火涂料由_____ 及_____ 两部分组成，它除了应具有普通涂料的装饰作用和对基材提供物理保护外，还需要具有_____ 的特殊功能。防火涂料主要用作建筑物的防火保护，如涂刷在建筑物的木材、纤维板、纸板、塑料等易燃建筑_____，或电缆、金属构件等表面，具有_____ 作用，又有一定的_____ 能力，同时还具有防腐、防锈、耐酸碱、耐候、耐水、耐盐雾等功能。因此，防火涂料是一种集装饰和防火为一体的特种涂料。

11 – 2. 填空题：近年来，防水材料突破了传统的_____防水材料，_____油毡迅速发展，高分子防水材料使用也越来越多，且生产技术不断改进，新品种新材料层出不穷。防水层的构造也由_____

向_____发展；施工方法也由_____法发展到_____法。防水材料按其特性又可分为_____防水材料和_____防水材料。

11－3. 填空题：保温绝热材料由其_____及结构上的_____特征，故具有良好的吸声性能。

11－4. 填空题：请列举几种多孔材料_____、_____、_____（外粉刷）、吸声蜂窝板、_____。

11－5. 填空题：性能优良的建筑绝热、保温、隔热材料是指对_____具有_____的材料或材料复合体；绝热制品则是指被加工成至少有_____的各种绝热材料的制成品。

11－6. 填空题：导热系数越_____，保温隔热性能越_____。表观密度越_____，导热系数越_____。多孔材料单位体积中气孔数量越____，导热系数越____；松散颗粒材料的导热系数，随单位体积中颗粒数量的增多而_____；松散纤维材料的导热系数，则随纤维截面的减少而_____。多孔材料的导热系数随平均温度和含水量的增大而增大，随湿度的减小而_____。

11－7. 填空题：常用的有_____密封材料和_____密封材料，均属_____密封材料。具有粘结力高、伸长率大、低温性能好、耐候性好。以丙烯酸类密封材料性能更优，但耐水性较差。

11－8. 填空题：常用的有_____与_____共混型的密封材料，属_____密封材料。

11－9. 填空题：常用的有双组分的_____密封材料和_____密封材料。二者性能优异，特别是粘结力强、伸长率很大、低温性能好、耐候性好，并对冲击振动有很好的适应性，属高档密封材料。

11－10. 填空题：填充材料用于金属框凹槽内的底部，能防止玻璃与框架的_____，保护玻璃周边不受损坏，同时起到填充缝隙和定位的作用，包括支撑块、定位块和间距片。一般在准备安装前装于框架凹槽内，上部多用_____和_____加以覆盖。

11－11. 填空题：硅酮封缝料的耐久性好、品种多、容易操作，属于防水材料中的_____材料，其模数越_____，对活动缝隙的适应能力越_____、越有_____于抗震。

11－12. 填空题：密封材料用于玻璃与框架_____部位的连接。安装时嵌于玻璃_____，起一定的_____和_____的作用。

12. 五金材料

12－1. 填空题：吊顶施工常用五金配件有：_____、_____、圆钉、_____、水泥钉、骑马钉、_____。

12－2. 填空题：合页又称_____，是门框和门扇的_____，门扇可绕合页轴转动。

12 – 3. 填空题：拉手是开门时_____用的五金件，一般为_____安装。

12 – 4. 填空题：门锁是_____的五金件，有的是_____的门锁，有的与_____连在一起。

12 – 5. 填空题：闭门器是让门自动关闭的_____，主要用于卫生间等总是应当_____的场所。

12 – 6. 填空题：门制是用于门开启状态下_____的专用五金，防止门扇被风吹而发生与门框的_____。

12 – 7. 填空题：自攻螺钉螺牙齿_____，螺距_____，硬度_____，施工中对于铝合金、铜、塑料等材料可以减免一道_____工序，提高工效。

12 – 8. 填空题：装饰工程中使用的螺丝螺帽主要用来_____，于钉子不同，这种紧固是可以_____的。

12 – 9. 填空题：点式连接玻璃幕墙的_____和_____均用不同型号的不锈钢加工而成，驳接头主要分两种，一种是头尾_____的；一种是在头部装有球头的，可_____，在玻璃受荷载变形时，头部可随之转动，减少玻璃孔部在变形时的应力集中。

12 – 10. 填空题：驳接爪形式分多种，按规格分有_____、_____、_____、_____不锈钢系列驳接爪。按固定点数和外形可分为_____、_____、_____、单点爪和多点爪以及____形、____形、H 形等形状。

13. 建筑胶粘剂

13 – 1. 填空题：一般认为粘结主要来源于_____与_____间的机械联结、物理吸附、化学键力或相互间分子的渗透（或扩散）作用等。胶粘剂对被粘材料表面的_____是获得良好粘结效果的先决条件。

13 – 2. 填空题：胶粘剂由下列物质组成：_____、_____、增韧剂、填料、_____、改性剂。

13 – 3. 填空题：粘结物质胶粘剂中的_____组分，起_____作用，其性质决定了胶粘剂的_____，用途和使用条件。

13 – 4. 填空题：固化剂是促使粘结物质通过化学反应加快_____的组分，可以增加胶层的_____。

13 – 5. 填空题：有机类胶粘剂。包括天然类（_____、_____、天然树脂、沥青）和合成类（_____、_____、_____）。

13 – 6. 填空题：聚乙烯醇缩甲醛类胶粘剂、聚醋酸乙烯酯类胶粘剂、聚乙烯醇胶粘剂（胶水）是_____胶粘剂。

13 – 7. 填空题：硅橡胶胶粘剂良好的耐_____、耐_____，耐_____、耐腐蚀性，粘附性好，防水防震，主要用于_____、_____、混凝土、部分塑料的粘接。尤其适用于_____的安装以及隧道、地铁等地下建筑中瓷砖、岩石接缝间的密封。

13－8. 填空题：聚氨酯类胶粘剂粘附性好，耐_____，耐_____、耐_____、耐_____、韧性好，耐低温性能_____，可室温固化，但耐热性_____。

13－9. 填空题：简述选择胶粘剂基本原则。

13－10. 简述题：简述选择胶粘剂的注意事项。

尊敬的读者：

感谢您选购我社图书！建工版图书按图书销售分类在卖场上架，共设22个一级分类及43个二级分类，根据图书销售分类选购建筑类图书会节省您的大量时间。现将建工版图书销售分类及与我社联系方式介绍给您，欢迎随时与我们联系。

★建工版图书销售分类表（详见下表）。

★欢迎登陆中国建筑工业出版社网站www.cabp.com.cn，本网站为您提供建工版图书信息查询，网上留言、购书服务，并邀请您加入网上读者俱乐部。

★中国建筑工业出版社总编室　　电　话：010—58934845
　　　　　　　　　　　　　　　　传　真：010—68321361

★中国建筑工业出版社发行部　　电　话：010—58933865
　　　　　　　　　　　　　　　　传　真：010—68325420
　　　　　　　　　　　　　　　　E-mail：hbw@cabp.com.cn

建工版图书销售分类表

一级分类名称（代码）	二级分类名称（代码）	一级分类名称（代码）	二级分类名称（代码）
建筑学 （A）	建筑历史与理论（A10）	园林景观 （G）	园林史与园林景观理论（G10）
	建筑设计（A20）		园林景观规划与设计（G20）
	建筑技术（A30）		环境艺术设计（G30）
	建筑表现·建筑制图（A40）		园林景观施工（G40）
	建筑艺术（A50）		园林植物与应用（G50）
建筑设备·建筑材料 （F）	暖通空调（F10）	城乡建设·市政工程· 环境工程 （B）	城镇与乡（村）建设（B10）
	建筑给水排水（F20）		道路桥梁工程（B20）
	建筑电气与建筑智能化技术（F30）		市政给水排水工程（B30）
	建筑节能·建筑防火（F40）		市政供热、供燃气工程（B40）
	建筑材料（F50）		环境工程（B50）
城市规划·城市设计 （P）	城市史与城市规划理论（P10）	建筑结构与岩土工程 （S）	建筑结构（S10）
	城市规划与城市设计（P20）		岩土工程（S20）
室内设计·装饰装修 （D）	室内设计与表现（D10）	建筑施工·设备安装技术（C）	施工技术（C10）
	家具与装饰（D20）		设备安装技术（C20）
	装修材料与施工（D30）		工程质量与安全（C30）
建筑工程经济与管理 （M）	施工管理（M10）	房地产开发管理 （E）	房地产开发与经营（E10）
	工程管理（M20）		物业管理（E20）
	工程监理（M30）	辞典·连续出版物 （Z）	辞典（Z10）
	工程经济与造价（M40）		连续出版物（Z20）
艺术·设计 （K）	艺术（K10）	旅游·其他 （Q）	旅游（Q10）
	工业设计（K20）		其他（Q20）
	平面设计（K30）	土木建筑计算机应用系列（J）	
执业资格考试用书（R）		法律法规与标准规范单行本（T）	
高校教材（V）		法律法规与标准规范汇编/大全（U）	
高职高专教材（X）		培训教材（Y）	
中职中专教材（W）		电子出版物（H）	

注：建工版图书销售分类已标注于图书封底。